应用型本科院校
土木工程专业系列教材

YINGYONGXING BENKE YUANXIAO
TUMU GONGCHENG ZHUANYE XILIE JIAOCAI

U0184330

建筑CAD

JIANZHU CAD

主　编■邵培柳　刘　洋

副主编■张旭光　左欢欢　谭金兰

重庆大学出版社

内容提要

"建筑CAD"是土木、建筑、工程造价、工程管理等专业的专业技术技能基础课。本书旨在以较短学时培养学生掌握AutoCAD软件的基本操作及其在建筑设计中的应用,着重提高学生的计算机动手操作能力。全书共9章,分别为AutoCAD的基本知识、绘图基本命令、编辑图形、图层和块、文字和表格、尺寸标注、绘制建筑平面图、绘制建筑立面图以及绘制建筑剖面图等。

本书可作为土建类、工程管理类等相关专业教材,也可作为其他相关工程技术人员的参考用书。

图书在版编目(CIP)数据

建筑CAD/邵培柳,刘洋主编. --重庆:重庆大学
出版社,2022.8(2025.1重印)
应用型本科院校土木工程专业系列教材
ISBN 978-7-5689-3165-6

Ⅰ.①建… Ⅱ.①邵… ②刘… Ⅲ.①建筑设计—计
算机辅助设计—AutoCAD软件—高等学校—教材 Ⅳ.①TU201.4

中国版本图书馆CIP数据核字(2022)第104802号

建筑CAD

主 编 邵培柳 刘 洋
副主编 张旭光 左欢欢 谭金兰
策划编辑:王 婷

责任编辑:姜 凤 版式设计:王 婷
责任校对:邹 忌 责任印制:赵 晟
*
重庆大学出版社出版发行
出版人:陈晓阳
社址:重庆市沙坪坝区大学城西路21号
邮编:401331
电话:(023)88617190 88617185(中小学)
传真:(023)88617186 88617166
网址:http://www.cqup.com.cn
邮箱:fxk@cqup.com.cn(营销中心)
全国新华书店经销
重庆天旭印务有限责任公司印刷
*
开本:787mm×1092mm 1/16 印张:11.25 字数:282千
2022年8月第1版 2025年1月第2次印刷
ISBN 978-7-5689-3165-6 定价:39.00元

前　言

　　AutoCAD 是一种计算机辅助设计软件,是建筑工程中不可或缺的软件。建筑师、工程师和建筑专业人员可依靠它来创建精确的二维和三维图形。

　　AutoCAD V1.0 于 1982 年 11 月正式出版发布,软件更新发展至 21 世纪,Autodesk 公司每年发布一个版本,并以年份命名。同时,随着我国土建类行业的迅猛发展,AutoCAD 从 Auto-CAD 2004 版本开始被大量用于国内的机械、建筑、电子、设计等众多领域。时至今日,Autodesk 公司已发布 AutoCAD 2022 版本,软件的更新伴随着功能的强大,同时对计算机配置要求变高。其中,从 AutoCAD 2014 版本开始,AutoCAD 的操作交互系统出现了较大革新,在操作界面及操作命令方面与过去版本出现了较大差异。据编者了解,AutoCAD 2014 具有新版本(如 AutoCAD 2018 等)的相似操作模式,又因其对计算机配置要求较低的特点,绘图效率较高,被工程人员广泛使用。

　　本书以 AutoCAD 2014 版本为基础根据当前行业设计的最新规范进行编写,是一本与行业发展紧密结合的应用型实用教材,重在指导土建类专业读者快速入门 AutoCAD,达到运用 AutoCAD 绘制建筑工程图的目的。

　　全书共 9 章:第 1 章,主要为 AutoCAD 的概述、操作界面及文件打开、保存等基本知识;第 2 章—第 6 章,重点讲述 AutoCAD 软件中常用的基础控件,绘图命令、修改命令、图层的设置管理、文字和表格的绘制等,并附有大量的实用技巧,为读者在使用过程中增添了许多便利;第 7 章—第 9 章,重点讲述了运用 AutoCAD 绘制建筑平面图、立面图、剖面图的绘图方法,列举实例以供读者课后练习。

　　本书紧跟应用技术型大学转型的步伐,所编内容注重实践性,由浅入深,循序渐进。在内容上做到简明扼要,图文结合,通俗易懂。此次编写由重庆城市科技学院邵培柳老师和重庆工程学院刘洋老师担任主编,张旭光、左欢欢、谭金兰担任副主编。

本书具有很强的实用性，可作为土木工程、建筑学、工程造价、工程管理、风景园林等相关专业教材，也可作为相关专业工程技术人员的参考用书。

由于编者水平有限，书中难免存在疏漏之处，敬请读者批评指正。

编　者

2021 年 7 月

目　录

1

AutoCAD 的基本知识

【内容提要】

本章主要内容为 CAD 概述、AutoCAD 2014 的绘图环境、图形文件的管理、AutoCAD 命令设置等一些基础操作。

【能力要求】

- 掌握建筑绘图的基本常识;
- 掌握 AutoCAD 命令的使用;
- 掌握输入坐标点的方法;
- 掌握调整视图显示的方法;
- 掌握辅助工具的使用。

1.1 CAD 概述

CAD(Computer Aided Design)即计算机辅助设计。它是利用计算机及图形设备帮助设计人员进行设计工作。在设计中,通常要用计算机对不同方案进行大量的计算、分析和比较,以决定最优方案;各种设计信息,不论是数字的、文字的或图形的,都能存放在计算机的内存或外存里,并能快速检索;设计人员通常用草图开始设计,将草图变为工作图的繁重工作交给计算机来完成;由计算机自动产生的设计结果,可以快速作出图形,使设计人员及时对设计作出判断和修改。

20 世纪 50 年代,计算机的大力发展推动了许多学科的发展,其中包括计算机辅助设计。1959 年,美国 Calcomp 公司研制出了世界上第一台滚筒式绘图机,成功代替了人工绘图,图 1.1 为由此发展而来的某种现代绘图机。计算机的发展加上绘图机的产生,CAD 技术雏形

形成。1960 年,Ivan Sutherland 利用 TX-2 计算机开发出 SKTCHPAD,随后在其博士论文中提出计算机图形学、交互技术、分层存储符号的数据结构等新思想,这被认为是迈出 CAD 工业的第一步,这些基本理论和技术至今仍是现代图形技术的基础。

图 1.1　绘图机

进入 20 世纪 70 年代,小型计算机费用下降,美国工业界开始广泛使用交互式绘图系统。由于 PC 机的应用,CAD 得以迅速发展,计算机通过 CAD 软件,将图形显示在屏幕上,用户可以用光标对图形直接进行编辑和修改。由计算机配上图形输入和输出设备(如键盘、鼠标、绘图仪以及计算机绘图软件)就能组成一套计算机辅助绘图系统。由于高性能的微型计算机和各种外部设备的支持,计算机辅助绘图软件的开发也得到了长足发展。

1982 年,John Walker 创立了 Autodesk 公司,同年 11 月在 Las Vegas 举行的 COMDEX 展览会上展示了全球第一个基于 PC 的 CAD 软件——AutoCAD,此时 Autodesk 公司(美国电脑软件公司)是一个仅有数名员工的小公司,其开发的 CAD 系统虽然功能有限,但因其可免费复制,故在社会中得以广泛应用。

如今,由 Autodesk 公司开发的自动计算机辅助设计软件 AutoCAD 是当今优秀的二维绘图软件之一,它除了具有强大的绘图、编辑等二维功能外,同时也具有三维造型功能,还提供 AutoLISP,ADS,ARX,VBA 等二次开发工具。在国际上各个领域的应用已十分普及,例如,机械、建筑、交通、轻工、航天、汽车等领域。

1.2　绘图环境

▶ 1.2.1　AutoCAD 的运行

1)启动 AutoCAD

启动 AutoCAD 的方法有很多,现介绍 3 种常用的启动方法。

①在电脑桌面上双击 AutoCAD 桌面图标 ,进入 AutoCAD 软件系统。

②单击屏幕左下角"开始",选择"AutoCAD 2014-简体中文"文件 →"AutoCAD 2014 简体中文",如图 1.2 所示。

③双击任意一个 AutoCAD 图形文件(＊.dwg 文件)即可启动。

2)退出 AutoCAD

退出 AutoCAD 有以下 4 种方式:
①单击主窗口下拉菜单"文件"→"退出"命令。
②使用快捷键:Ctrl+Q。

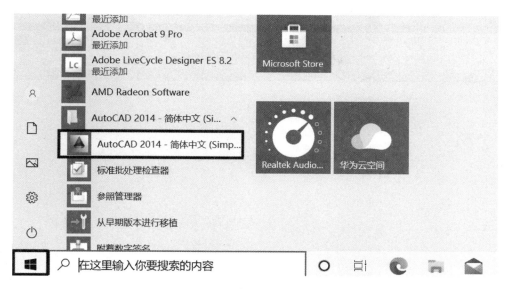

图 1.2　运行 AutoCAD

③单击标题栏左上角图标 ，单击关闭当前图形或关闭所有图形。

④单击窗口右上角 ✕ 按钮，退出 AutoCAD。

如果存在尚未完成的图形，则会提示是否要保存此文件，如图 1.3 所示。保存则单击"是"，不保存则单击"否"，取消则单击"取消"。

图 1.3　退出 AutoCAD

▶ 1.2.2　AutoCAD 软件界面

启动 AutoCAD 软件，进入工作界面，通常首次默认进入"草图与注释"工作空间，如图 1.4 所示。

单击左上角或右下角"工作空间"工具栏图标 ，出现如图 1.5 所示的下拉列表，选择"AutoCAD 经典"，得到如图 1.6 所示"AutoCAD 经典"工作空间。

AutoCAD 工作界面包括标题栏、菜单栏、工具栏、绘图工具栏、命令窗口、状态栏等。

（1）标题栏

标题栏位于界面的最上方，其中，左侧为打开程序的名称"Autodesk AutoCAD 2014"及当前图形文件名"Drawing1. dwg"，右侧与大多数软件相同，为"最小化""最大化""关闭"按钮。

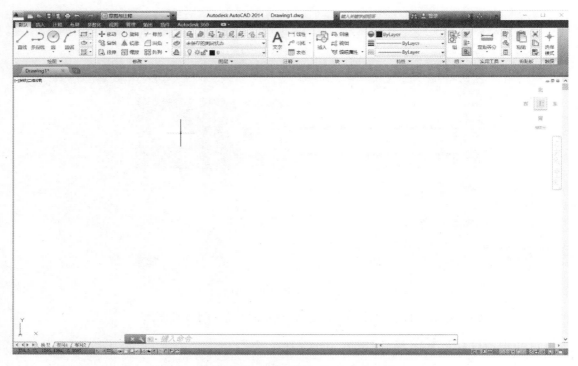

图 1.4 "草图与注释"工作空间

图 1.5 AutoCAD 2014 切换工作空间

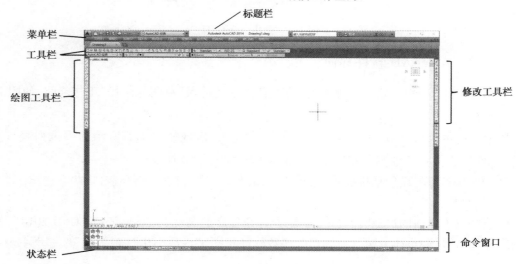

图 1.6 AutoCAD 2014 的工作界面

（2）菜单栏

菜单栏位于标题栏的下方，包括很多选项，每个选项下面又包含若干子命令，菜单栏（图1.7）基本涵盖了所有 AutoCAD 操作命令，下面将对菜单栏的功能进行简单介绍。

①文件（F）：此菜单主要用于文件的管理，包括新建、打开、保存、打印、输入、输出等命令。

②编辑（E）：此菜单用于文件的常规编辑工作，如复制、剪切、粘贴、链接等。

③视图（V）：此菜单主要用于管理 CAD 的操作界面，如图形缩放、图形平移、视窗设置、着色等。

④插入（I）：此菜单主要用于插入所需的图块或者其他格式文件。

⑤格式（O）：此菜单用于设置与绘图环境有关的参数，包括图层、颜色、线性、文字样式、标注样式、点样式等。

⑥工具（T）：此菜单为用户设置一些辅助绘图工具，如拼写检查、快速选择和查询等。

⑦绘图（D）：此菜单包含绘制二维或三维图形时所用的命令，是一个非常重要的菜单。

⑧标注（N）：此菜单用于对所绘图形进行尺寸标注。

⑨修改（M）：此菜单用于对所绘图形进行编辑，如镜像、偏移等。

⑩窗口（W）：此菜单用于在多文档状态时进行各文档的屏幕布置。

⑪帮助（H）：此菜单用于提供用户使用 AutoCAD 时所需的帮助信息。

| 文件(F) | 编辑(E) | 视图(V) | 插入(I) | 格式(O) | 工具(T) | 绘图(D) | 标注(N) | 修改(M) | 参数(P) | 窗口(W) | 帮助(H) |

图 1.7　菜单栏

（3）工具栏

工具栏是为了更方便、快捷地应用 AutoCAD 命令而设置的，工具栏中每一个图标均表示一个命令。将鼠标光标悬停在按钮上，则会显示该按钮的功能名称。AutoCAD 常用工具栏主要位于菜单栏下方以及工作界面的左侧和右侧，具体有以下几种。

①"标准"工具栏，如图 1.8 所示。

图 1.8　"标准"工具栏

②"样式"工具栏，如图 1.9 所示。

图 1.9　"样式"工具栏

③"工作空间"工具栏，如图 1.10 所示。

图 1.10　"工作空间"工具栏

④"图层"工具栏，如图 1.11 所示。

图 1.11　"图层"工具栏

⑤"特性"工具栏，如图 1.12 所示。

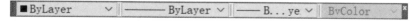

图 1.12　"特性"工具栏

⑥"绘图"工具栏,如图 1.13 所示。

图 1.13　"绘图"工具栏

⑦"修改"工具栏,如图 1.14 所示。

图 1.14　"修改"工具栏

(4)绘图窗口

绘图窗口用于绘制 CAD 图形,背景默认为黑色,可进行黑白调换。绘图区没有边界,可以绘制任意大图形,可以通过缩放、平移等命令来移动图形。

(5)命令行窗口

命令行位于绘图窗口的下方,是 AutoCAD 进行人机对话的一个平台,用户通过在命令行中输入相关命令来执行操作,如图 1.15 所示。

```
命令: COMMANDLINE
命令:
命令:
>_ -
```

图 1.15　命令行窗口

(6)状态栏

状态栏位于 AutoCAD 的最下方,由"坐标值""辅助功能""注释比例"和"状态栏"组成,如图 1.16 所示。

3062.9453, 1096.3779, 0.0000

图 1.16　状态栏

1.3　图形文件的管理

图形文件的管理主要包括文件的创建、打开、保存、关闭等功能。

► 1.3.1　新建文件

AutoCAD 新建文件常用的有以下 4 种方法。

①双击 AutoCAD 2014 桌面图标。

②在菜单栏中选择"文件(F)"→"新建(N)…"功能。

③输入命令"NEW"(不区分大小写),回车。

④在标准工具栏中单击 按钮。

第一种方式可直接进入 AutoCAD 绘图空间,后面 3 种操作,则会进入"选择样板"界面(图 1.17),若无特别说明,先选择默认样板文件 acadiso.dwt,再单击"打开(O)"按钮。

图 1.17　选择样板

▶　1.3.2　**打开文件**

如果需要对已生成的 CAD 文件进行查看或编辑操作,则要应用"打开"命令。

AutoCAD 打开文件常用的有以下 4 种方法。

①使用快捷键:Ctrl+O。

②在菜单栏中单击"文件(F)"→"打开(O)…"功能。

③在命令窗口中输入"OPEN"命令。

④在标准工具栏中单击 📂 按钮。

以上 4 种操作都可进入"选择文件"界面(图 1.18),选择要打开的文件,单击"打开(O)"按钮。

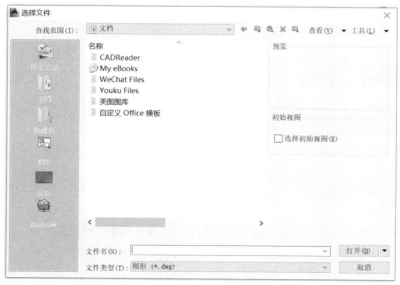

图 1.18　选择文件

▶ 1.3.3　保存图形文件

为了防止意外情况导致所编辑的文件丢失,打开软件后,绘图之前最好第一时间对文件进行保存。保存图形文件主要有以下4种方法。

①使用快捷键:Ctrl+S 或 Ctrl+Shift+S。

②在菜单栏中选择"文件(F)"→"保存(S)"或"另存为(A)"功能。

③在命令窗口中输入命令"SAVE"。

④在标准工具栏中单击 💾 按钮。

以上4种操作都可进入"图形另存为"界面(图1.19)。在"保存于(I):"下拉列表框中选择图形文件保存路径;在"文件名(N):"文本框内输入所要保存文件的名称;在"文件类型(T):"文本框中选择所要保存的文件类型(通常为默认类型,建议选择低版本类型,如AutoCAD 2004),然后单击"保存(S)"。

图1.19　图形另存为

▶ 1.3.4　图形文件加密

为了保证数据的安全性,可以对文件进行加密处理,加密后的文件需要输入密码才能打开。AutoCAD 进行加密的方法如下:

①选择菜单栏中"文件(F)"→"另存为(A)"命令,弹出"图形另存为"对话框,如图1.19所示。

②选择右上角"工具(L)"→"安全选项(S)...",如图1.20所示,弹出"安全选项"对话框,如图1.21所示。

③在文本框中输入密码,单击"确定"按钮,弹出"确认密码"对话框。

④再次输入文件密码,单击"确定"按钮,返回"图形另存为"对话框,单击"保存(S)",则此图形文件已被加密。

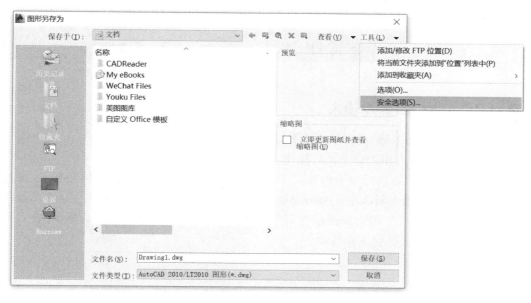

图1.20 选择"安全选项"

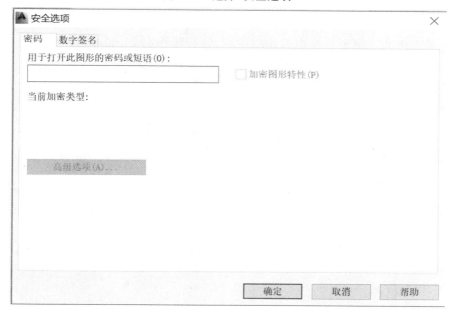

图1.21 安全选项

► 1.3.5 关闭图形文件

AutoCAD关闭图形文件与退出AutoCAD软件不同,关闭图形文件只是关闭当前编辑的图形文件,而不退出AutoCAD软件。关闭图形文件常用的有以下3种方法。

①在菜单栏中选择"文件(F)"→"关闭(C)"功能。

②在命令窗口中输入"CLOSE"命令。

③在菜单栏右侧单击按钮 ✖ 。

1.4　AutoCAD 基本操作

▶ 1.4.1　AutoCAD 命令输入

AutoCAD 有多种命令输入方式,下面介绍常用的 3 种输入方式。

(1)在命令行内输入相关命令执行操作

在命令行内输入所要执行命令的英文字母,然后按回车键或空格键,执行命令,如果在执行过程中按"Esc"键,则中断命令。AutoCAD 提供了一个简化方式,即在命令行中输入命令全称的简写即可执行命令(一般为命令的首字母或前两到三位字母),如图 1.22 所示,输入简写命令"L"后,按空格键执行绘制直线命令。

图 1.22　命令行输入命令

(2)单击工具栏中的图标执行相关操作命令

单击屏幕左侧的绘图工具栏中的相应图标,执行操作命令,如单击左侧第一个图标 ╱ (图 1.23 黑色箭头所指之处),执行绘制直线操作。

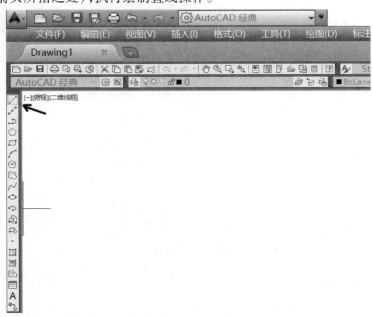

图 1.23　单击工具栏按钮执行命令

(3)通过菜单栏选项执行操作命令

通过单击菜单栏中的命令,执行相应操作,以执行绘制直线操作为例,如图 1.24 所示。

上述操作模式,读者可根据习惯自行选择,建议初学者使用第二种方式,在熟悉操作界面后,为了提高绘图效率建议使用第一种方式。

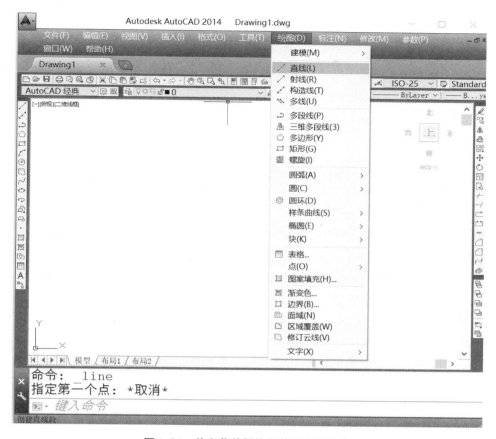

图1.24　单击菜单栏执行绘制直线操作

▶ **1.4.2　AutoCAD 命令的重复**

在操作过程中,如果想重复上一步操作,可按回车键或空格键,重复执行上一个命令。

▶ **1.4.3　指定点的操作**

图形由线条组成,两点确定一线,在绘图过程中,总会有指定点的操作,命令行相应地也会有指定点的提示,例如,绘制直线,执行直线命令后,命令行会提示"指定第一点:",当指定了第一点后,命令行会提示"指定下一点:",指定点的操作主要有以下 3 种情况:

①对点的位置无要求时,可直接用鼠标单击绘图区域任意点。

②对第一点无要求,而对第二点有要求时,第一点可用鼠标单击绘图区域任意点,第二点根据两点的相对位置可利用对象捕捉和对象追踪、正交和极轴的方式(详见第 1.5.1 节和第 1.5.2 节)确定点位;另外,还可利用输入相对坐标的方式确定第二点点位(详见下文相对直角坐标和相对极轴坐标的输入)。

③对两点的坐标均有要求时,需要通过绝对坐标的方式来确定点的位置。AutoCAD 中通常默认的坐标是世界坐标系,在输入坐标时有以下 4 种方式。

a.绝对直角坐标。绝对直角坐标是常用的坐标输入方式,它通过输入"X,Y,Z"来确定点的空间位置,如果是平面点,则可省略 Z 值,输入"X,Y"后按回车键或空格键即可。需要输入坐标时的对话框如图 1.25 所示。

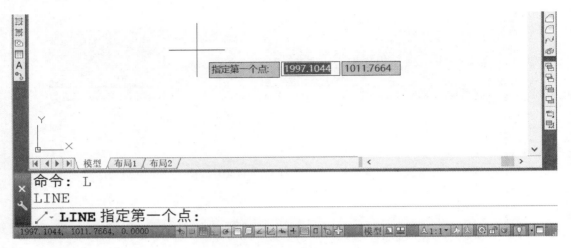

图 1.25　输入坐标

b.相对直角坐标。相对直角坐标在建筑施工图的绘制中最为常用,它是通过输入绘制点与参考点之间相对距离来指定点。输入方式是在有相对位移的坐标前加上"@"。例如,A 点坐标(50,50),在指定 B 点时,输入"@80,60"。即表示 B 点相对于 A 点,在 X 轴方向向右平移 80 个单位、Y 轴方向向上平移 60 个单位。

c.绝对极坐标。绝对极坐标是通过绘制点与坐标原点的距离和角度来确定点位的。距离和角度之间用"<"分割。例如,50<40 表示绘制点与原点的距离是 50,角度是 40°,角度以 X 轴正向为起始方向,逆时针为正,顺时针为负。

d.相对极坐标。相对极坐标是根据绘制点到指定点的距离和角度来确定点位的。表示方法是在极坐标表示方法的前面加上"@"符号。

▶　1.4.4　视图窗口的调整

在 AutoCAD 编辑过程中,为了更好地对建筑构件进行设计,常常需要对操作窗口进行放大、缩小、平移等。在放大、缩小、平移过程中图形的实际大小并不发生改变。

1)视图的缩放

①将鼠标光标置于窗口内,然后滑动鼠标中轮,向上为放大,向下为缩小。

②单击菜单栏中的"视图(V)"→"缩放(Z)"命令。

③在标准工具栏中有缩放对应操作: 。

④在命令行输入"ZOOM"命令。

需要注意的是,当缩小视图到一定程度时,界面左下角会出现"已无法进一步缩小"的提示,若此时读者仍想继续缩小,需对视图进行重生成后,再执行视图的缩小操作。

2)视图重生成

视图重生成操作主要有以下两种方式:

①输入命令"re",然后按空格键或回车键确认,即可继续缩小视图。

②单击菜单栏中的"视图(V)"→"全部重生成(A)"。

3)视图的移动

在 AutoCAD 编辑中,有时需要对图形进行平移操作,方法如下:

①按下鼠标中轮不松手,光标变为手掌形状,移动鼠标即可对视图进行平移。

②选择菜单栏中的"视图(V)"→"平移(P)"功能。

③在命令行中输入"PAN"或"P"命令,然后在绘图区域内,通过按下鼠标左键移动视图。

④在标准工具栏中单击 按钮(菜单栏下方),然后在绘图区域内,通过按下鼠标左键移动视图。

第一种方式,松开鼠标中轮即退出平移视图的操作;第二至第四种方式,单击鼠标右键后选择"退出",即可退出平移视图的操作。

▶ 1.4.5 设置绘图环境

1)设置图形单位

在菜单栏中单击"格式(O)"→"单位(U)…",或在命令行中输入"UNITS"或"UN"并回车执行命令,如图1.26所示。

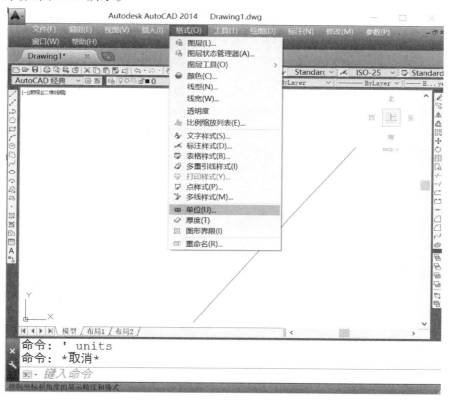

图1.26 单击菜单栏设置图形单位

弹出"图形单位"对话框,如图1.27所示,根据图形要求进行相关设置。

2)图形界限设置

AutoCAD绘图时若需根据图纸大小设置绘图区域的界限,可进行图形界限的设置(也可不设置)。操作方法如下:

在菜单栏中选择"格式(O)"→"图形界限(L)"功能,或在命令行中输入"LIMITS"命令并回车。

注意:当选择打开图形界限功能时,在界限外输入的操作为无效操作。

图 1.27 "图形单位"对话框

3)绘图区域颜色的调整

AutoCAD 默认的绘图区域颜色为黑色,我们可根据实际应用进行颜色切换,主要有以下两种操作方法。

①输入命令"OP"并回车,弹出"选项"对话框,在对话框中选择"显示"子项,如图 1.28 所示,单击"窗口元素"中的底部按钮"颜色(C)",弹出"图形窗口颜色"对话框,如图 1.29 所示。

图 1.28 "选项"对话框

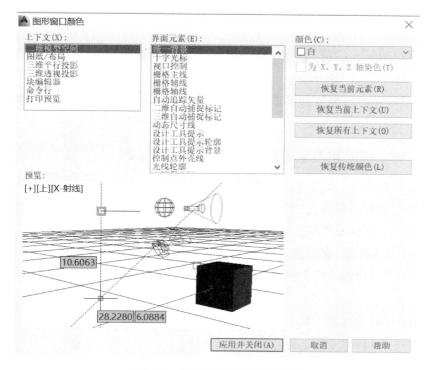

图 1.29 "图形窗口颜色"对话框

②单击菜单栏中的"工具（T）"→"选项（N）…"功能，如图 1.30 所示，余下操作同步骤①。

图 1.30 图形窗口颜色

1.5 AutoCAD 高效辅助工具

AutoCAD 高效辅助绘图工具主要包括对象捕捉、对象追踪、正交、极轴以及捕捉和栅格等内容。

► 1.5.1 对象捕捉和对象追踪

在 AutoCAD 中,对象捕捉是指在操作过程中,软件自动识别对象上所需的定点,当光标靠近捕捉点时,将自动定位到该点,实现捕捉。此功能保证在绘制图形过程中,光标可以定位到图形上的精确点,从而保证绘图的精确性。

对任何一个几何图形,它都有一定的几何特征点,如端点、中点、圆心、切点和象限点等。启用对象捕捉工具并设置不同的对象捕捉模式,即可精确地捕捉到用户需要的上述几何特征点。

1)启用和关闭对象捕捉工具

启用和关闭对象捕捉工具主要有以下两种方法:

①单击状态栏中(AutoCAD 界面最底部)的对象捕捉图标 。

②按快捷键 F3。

执行上述任一操作可实现对象捕捉的启用和关闭,当对象捕捉图标 为灰显时则为关闭状态,当图标为淡蓝色亮显时则为开启状态。

2)对象捕捉的设置

(1)临时设置

在状态栏中的对象捕捉图标上单击鼠标右键,出现如图 1.31(a)所示的对话框,单击选择此对话框中的栏目,即可实现几何特征点捕捉的临时开启和关闭,淡蓝色亮显表示该特征点的捕捉为开启状态;反之,则为关闭状态。

(2)长久设置

单击图 1.31(a)中对话框下方的"设置(S)…",弹出"草图设置"中的"对象捕捉"对话框[图 1.31(b)],可在该对话框中设置不同几何特征点的捕捉的长久开启和关闭,勾选状态为开启;反之,表示关闭。

(3)调出临时对象捕捉工具栏

在系统工具栏的空白处单击鼠标右键,会出现 ACAD 的快捷菜单,在"ACAD"下拉菜单栏中勾选对象捕捉,则打开临时对象捕捉工具(图 1.32)。此方法不常用,读者了解即可。

临时对象捕捉工具栏各图标的功能说明如下:

①"临时追踪点"图标 :该捕捉方式始终跟踪上一次单击的位置,并作为当前的目标点。

②"捕捉自"图标 :通常与其他对象捕捉功能结合使用,用于拾取一个与捕捉点有一定

偏移量的点。

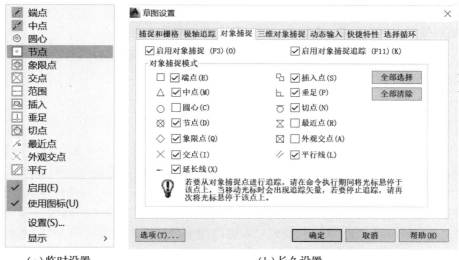

（a）临时设置　　　　　　　　　　　　（b）长久设置

图 1.31　设置对象捕捉

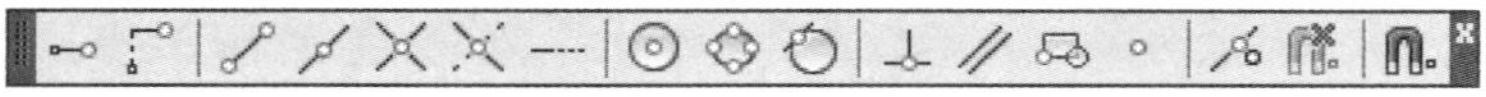

图 1.32　临时对象捕捉工具栏

③"捕捉端点"图标 ⚯：可捕捉到圆弧、椭圆弧、多段线、直线线段、多段线的线段和射线的端点。

④"捕捉中点"图标 ⚯：可捕捉圆弧、椭圆弧、多线、直线、多段线的线段、样条曲线和构造线等的中点。

⑤"捕捉交点"图标 ✕：可捕捉圆弧、圆、椭圆、椭圆弧、多线、直线、多段线、射线、样条曲线、参照线、面域和曲面边线等彼此间的交点。

⑥"捕捉外观交点"图标 ⚡：捕捉两个对象的外观交点，这两个对象实际上在二维空间中没有直接相交或在三维空间中并不相交，但在屏幕上显得相交，用来捕捉两个对象延长后的交点或投影后的交点。可以捕捉由圆弧、圆、椭圆、椭圆弧、多线、直线、多段线、射线、样条曲线或参照线构成的两个对象的外观交点。

⑦"捕捉延长线"图标 ┈：可捕捉到沿着直线或圆弧的自然延伸线上的点。

⑧"捕捉圆心"图标 ◎：可捕捉圆弧、圆、椭圆、椭圆弧或多段线弧段的圆心。

⑨"捕捉象限点"图标 ⬦：可捕捉圆弧、圆、椭圆、椭圆弧或多段线弧段的象限点，象限点可以想象为将当前坐标系平移至对象圆心处时，对象与坐标系正 X 轴、负 X 轴、正 Y 轴、负 Y 轴 4 个轴的交点。

⑩"捕捉切点"图标 ◌：该模式下可以捕捉到圆或者圆弧上的切点。

⑪"捕捉垂足"图标 ⊥：该模式下可以捕捉到与圆弧、圆、多线、直线、多段线、参照线等正交的点，也可以捕捉到对象的外观延伸垂足。

⑫"捕捉平行线"图标 ∥：在该捕捉模式下，可以绘制与已知直线相互平行的直线。

⑬"捕捉插入点"图标 ⚏：可以捕捉到属性、形、块或文本对象的插入点。

⑭"捕捉节点"图标○:可捕捉点对象,此功能对捕捉用"DIVIDE"和"MEASURE"命令插入的点对象特别有用。

⑮"捕捉最近点"图标:捕捉在一个对象上离光标最近的点。

⑯"无捕捉"图标:不使用任何对象捕捉模式,即暂时关闭对象捕捉模式。

⑰"对象捕捉设置"图标:单击该按钮,系统会弹出如图1.31(b)所示的对话框,进行对象捕捉设置。

3)对象追踪

对象追踪是对象捕捉和追踪功能的结合。对象追踪的启用,与对象捕捉在同一界面上进行,如图1.31(b)所示中"草图设置"界面的右上角,勾选"启用对象追踪(F11)(K)"即可,也可按快捷键"F11"。启动对象追踪和对象捕捉后,执行任意绘图命令,将光标移动到图形对象上需要捕捉的点附近时,出现对象捕捉标记,移动光标则会出现对象的追踪线,然后输入距离值或者单击追踪线上的任意"X"点,就可以在追踪线上取到用户需要的点,如图1.33所示中的"×"即为由圆左象限点引出的追踪线上的可以单击选择的点。

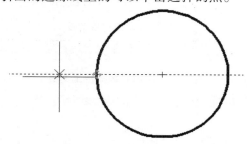

图1.33 对象捕捉和追踪

▶ **1.5.2 正交和极轴**

1)正交功能

启用正交功能后,可以快速精确地绘制水平或竖直方向的直线,因为正交功能一旦被启用,就只能绘制水平和竖直方向的直线。打开和关闭正交功能主要有以下两种方法:

①单击状态栏中的正交图标,灰显为关闭状态,淡蓝色亮显为开启状态。

②按快捷键"F8"。

以直线为例,输入直线命令"L"并回车,命令行提示"指定第一点:"时,在绘图区域任意单击一点,命令行提示"指定下一点或[放弃(U)]:"时,单击图标,命令行提示<正交 开>,然后将光标移至用户想要绘制的水平或竖直的某个方向后,若对直线长度无要求,直接单击鼠标即可绘制水平或竖直的直线,若对直线长度有要求,则将光标移至相应方向后,输入距离值并回车,即可绘制固定长度的水平直线或竖直直线。

2)极轴功能

打开极轴功能并设置极轴角度,在绘制图线时,鼠标可以根据设置的极轴角度精确地绘制出该角度的直线。

①开启与关闭:单击状态栏中的极轴图标或按快捷键F10,开启或关闭极轴功能。

②极轴角度设置:在状态栏中的极轴图标上单击鼠标右键[图1.34(a)],选择"设置(S)…",弹出"草图设置"对话框[图1.34(b)],单击"新建(N)",设置目标角度,如图1.35所示在"☑附加角(D)"下方设置15°角,而0°,90°,180°,270°不需要设置,因为系统自带这些方向的追踪。

设置角度后,在绘制图形时,当用鼠标指定第一点后,再将鼠标移动到极轴角度附近,会出现极轴追踪线,如图1.36所示的虚线为15°极轴追踪线。若对直线无长度要求,则用鼠标单击极轴追踪上的"×"即可;若对直线长度有要求,则在极轴追踪线出现后输入距离值并回车,即可绘制出具有一定角度和长度的图线。

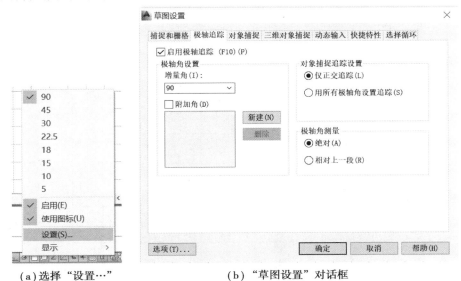

(a)选择"设置…"　　　　(b)"草图设置"对话框

图1.34　极轴角度设置

图1.35　设置15°角

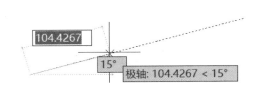

图1.36　15°极轴追踪线

▶ **1.5.3　捕捉和栅格**

此处的捕捉不同于对象捕捉,此捕捉是栅格中点的捕捉,所以它是与栅格配合起来使用的,要将二者结合起来使用才能发挥其作用。

在 AutoCAD 中,单击状态栏中(AutoCAD 界面最底部)捕捉模式图标 ▦ (或按快捷键"F9"),打开"捕捉模式",打开后此图标由灰显变为淡蓝色亮显。光标能捕捉到绘图区域中栅格上的固定点,光标也只能按照栅格点进行移动,栅格点以外的点不能被捕捉到;关闭捕捉按钮,就能捕捉绘图区域的任意点。

将捕捉功能打开后,用户并不能观察到鼠标在绘图区域中能够捕捉到的点(即栅格点),只有将栅格功能打开才能观察到这些点。单击状态栏中栅格显示图标 ▦ (或按快捷键"F7"),将栅格功能打开,就能在绘图区域中(坐标原点附近)观察到栅格(图中的交点为能够捕捉到的点),如图 1.37 所示。

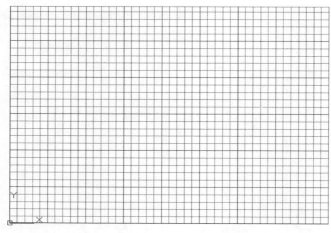

图 1.37 栅格显示

除此之外,还可以对捕捉和栅格工具进行设置,如捕捉的 X 轴和 Y 轴之间的间距、栅格之间的间距等。设置方法是在状态栏中的捕捉模式图标 ▦ 或栅格显示图标 ▦ 上单击鼠标右键,选择"设置(S)…",如图 1.38(a)所示,则会弹出"草图设置"对话框,如图 1.38(b)所示,可以对"捕捉和栅格"选项卡进行设置。

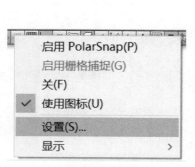

(a)选择"设置…"

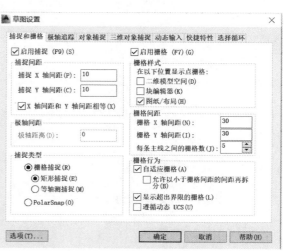

(b)"草图设置"对话框

图 1.38 "捕捉和栅格"设置

在"捕捉和栅格"选项卡中,主要选项功能如下:

①"启用捕捉(F9)(S)"复选框:选中该复选框可以启用捕捉功能。

②捕捉间距:能指定 X 轴和 Y 轴方向上的捕捉间距值,必须为正实数。如果选中"X 轴间距和 Y 轴间距相等(X)"复选框,则捕捉间距和栅格间距使用同一个 X 轴和 Y 轴的间距值。

③极轴间距:控制极轴捕捉的增量间距。

④捕捉类型:捕捉类型有两种,一种是栅格捕捉;另一种是极轴捕捉,即图1.38(b)中的"PolarSnap(O)"。当选中"栅格捕捉(R)"时,还可选择栅格捕捉类型,默认为"矩形捕捉(E)";当选中"等轴测捕捉(M)"时,鼠标会等轴测捕捉栅格,该类型主要用于绘制等轴测图;当选中"极轴捕捉"时,它会在极轴追踪打开的情况下捕捉到极轴上相应的点。

⑤"启用栅格(F7)(G)"复选框:选中该复选框可以启用栅格功能。

⑥栅格间距:可以指定 X 轴和 Y 轴之间的栅格间距值,必须为正实数。

【练习与提高】

1. 练习 CAD 文件的新建、打开和保存。

2. 练习对 CAD 视图窗口进行缩放、平移操作。

3. 通过"工具(T)"→"选项(N)…"→"显示"或者输入"OP"命令,修改图形窗口背景色,修改十字光标大小。

4. 综合利用对象捕捉和对象追踪、正交和极轴功能绘制如图 1.39 和图 1.40 所示的图形。

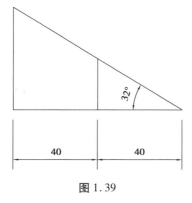

图 1.39

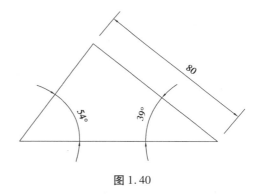

图 1.40

绘图基本命令

【内容提要】

本章主要内容为 AutoCAD 中直线类、圆类、平面图形、点、多段线、多线、样条曲线、面域与图案填充等绘图命令。

【能力要求】

● 熟练掌握 AutoCAD 中各类绘图命令的使用。

2.1　直线类命令

在 AutoCAD 中,线段包括直线、射线、构造线、多段线、多线等。本节内容主要包括直线、射线、构造线 3 种简单直线类命令。多段线和多线将在 2.4 节中介绍。

▶　2.1.1　绘制直线

如果已知一条直线的长度和方向,那么就可以确定该直线。即已知直线的起点和终点或者直线的起点、长度和方向,就可以确定直线。

绘制直线的方法有以下 3 种:

①在命令行中输入命令"LINE"或快捷命令"L"并回车。

②单击在绘图工具栏中的直线图标 。

③在菜单栏中,单击"绘图(D)"→"直线(L)"。

执行上述任意操作后,命令行提示"指定第一点:"时,用鼠标在绘图区域单击点来指定点或者按照第 1 章输入坐标的方式指定点。

指定第一点后,命令行提示"指定下一点或[放弃(U)]:"时,指定直线段的端点,也可用鼠标指定一定角度后,直接输入直线的长度。

指定第二点后,命令行提示"指定下一点或[放弃(U)]:"时,可指定下一点,也可输入选项"U"表示放弃前面的输入,也可用鼠标单击选择命令行里的[放弃(U)],因此 AutoCAD 中命令的选择可用输入方式也可单击,还可单击鼠标右键或按回车键来结束命令。

指定第三点后,命令行提示"指定下一点或[闭合(C)/放弃(U)]:"时,指定下一直线段的端点,或输入选项"C"使图形闭合,结束命令。

注意:①AutoCAD 仅识别英文模式(包括符号)输入的命令;

②输入 AutoCAD 中的命令时,不区分大小写。

【例 2.1】 绘制一条长度为 1 000 的水平线,令该直线起点为原点。

(1)坐标增量法步骤

①在命令行中输入直线快捷命令"L",回车或者空格执行命令。

②命令行提示"指定第一点:"时,输入起点坐标"0,0",回车或者空格。

③命令行提示"指定下一点:"时,输入"@1000,0",回车或者空格。

④按回车确认,直线绘制完成,如图 2.1 所示。

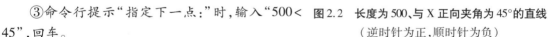

图 2.1 长度为 1 000 的水平线

(2)极坐标法步骤

①在命令行中输入直线快捷命令"L",回车。

②命令行提示"指定第一点:"时,输入起点坐标"0,0",回车。

③命令行提示"指定下一点:"时,输入"1 000<0",回车。

④按回车确认,直线绘制完成,如图 2.1 所示。

【例 2.2】 绘制一条长度为 500,角度为 45°的直线,令该直线起点为原点。

绘制步骤如下:

①在命令行中输入直线快捷命令"L",回车。

②命令行提示"指定第一点:"时,输入起点坐标"0,0",回车。

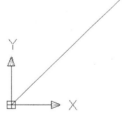

③命令行提示"指定下一点:"时,输入"500<45",回车。

图 2.2 长度为 500、与 X 正向夹角为 45°的直线
(逆时针为正,顺时针为负)

④按回车确认,直线绘制完成,如图 2.2 所示。

▶ 2.1.2 绘制射线

射线是指有方向、没有长度的线条,在 AutoCAD 中一般用作辅助线。

绘制射线的方法有以下两种:

①在命令行中输入命令"RAY"并回车。

②在菜单栏中单击"绘图(D)"→"射线(R)"。

执行上述任一操作后,命令行提示"指定起点:"时,单击图形区域任意点或输入坐标。

命令行提示"指定通过点:"时,单击图形区域任意点或输入坐标绘制出射线。

命令行提示"指定通过点:"时,单击图形区域任意点或输入坐标绘制出另一射线,按回车键结束命令。

► 2.1.3 绘制构造线

构造线是无限长直线,只有方向,没有起点和终点,在绘制建筑图形时,一般用作辅助线。
绘制构造线的方法有以下 3 种:

①在命令行中输入"XLINE"或快捷命令"XL"并回车。

②在菜单栏中选择"绘图(D)"→"构造线(T)"。

③在绘图工具栏中单击构造线图标 。

执行上述任一操作后,命令行提示"指定点或[水平(H)/垂直(V)/角度(A)/二等分(B)/偏移(O)]:"时,单击图形区域任意点或输入坐标来指定点。

命令行提示"指定通过点:"时,单击图形区域任意点或输入坐标来指定通过点,画一条双向无限长直线。

命令行提示"指定通过点:"时,可继续指定通过点,继续画构造线,也可按回车键结束命令。

在执行构造线命令时,命令行中提示的选项说明含义:

①水平(H):绘制水平构造线。

②垂直(V):绘制垂直构造线。

③角度(A):绘制指定角度构造线。

④二等分(B):绘制平分角度构造线。

⑤偏移(O):对已绘制的构造线进行偏移。

【例2.3】 绘制水平构造线和竖直构造线。

绘制步骤如下:

①在命令行中输入快捷命令"XL",回车。

②在命令行中输入"H",回车。

③命令行提示"指定通过点:"时,在屏幕内随机指定一点,得到一条水平构造线,如图2.3所示。

图2.3 水平构造线

④在命令行中输入快捷命令"XL",回车。

⑤在命令行中输入"V",回车。

⑥命令行提示"指定通过点:"时,在屏幕内随机指定一点,得到一条竖直构造线,如图2.4 所示。

图 2.4　竖直构造线

2.2　圆类图形命令

在 AutoCAD 中,圆类图形包括圆、圆弧、圆环、椭圆,本节重点讲述这 4 类绘图命令。

▶ 2.2.1　圆

一个圆的主要控制参数是圆心和半径,如果已知一个圆的圆心和半径或者直径,即可确定圆。

绘制圆的方法有以下 3 种:

①在命令行中输入命令"CIRCLE"或快捷命令"C"并回车。

②在菜单栏中单击"绘图(D)"→"圆(C)"。

③在绘图工具栏中单击圆图标。

在绘制圆时,命令行中提示的选项含义:

①三点(3P):指定圆周上 3 点的方法画圆。

②两点(2P):指定直径的两端点画圆。

③相切、相切、半径(T):先指定两个相切对象,再给出半径的方法画圆。

【例 2.4】　绘制一个圆心坐标为(500,500),半径为 100 的圆。

绘制步骤如下：

①输入圆快捷命令"C"，回车。

②命令行提示"指定圆的圆心或[三点(3P)/两点(2P)/相切、相切、半径(T)]:"时,输入圆心坐标"500,500"，回车。

③命令行提示"指定圆的半径或[直径(D)]:"时,输入"100"，回车。也可以在命令行中输入"D"进入输入直径模式,回车;再输入直径"200"，回车。结果如图2.5所示。

【例2.5】 图2.6为已知直线,通过已知直线的两个端点绘制一个圆。

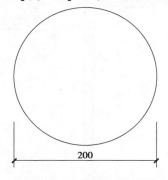

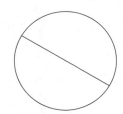

| 图2.5 直径"200"的圆 | 图2.6 已知直线 | 图2.7 过直线两端点绘制圆 |

绘制步骤如下：

①输入圆快捷命令"C"，回车。

②命令行提示"指定圆的圆心或[三点(3P)/两点(2P)/相切、相切、半径(T)]:"时,输入"2P"进入两点模式绘圆,回车。

③命令行提示"指定圆直径的第一个端点:"时,用十字光标单击已知直线的一个端点，回车。

④命令行提示"指定圆直径的第二个端点:"时,用十字光标单击已知直线的另一个端点，回车。结果如图2.7所示。

▶ 2.2.2 圆弧

圆弧的形状可以通过起点、终点、方向、包含角度、弦长和半径等参数来确定。

绘制圆弧的方法有以下3种：

①在命令行中输入命令"ARC"或快捷命令"A"并回车。

②在菜单栏中单击"绘图(D)"→"圆弧(A)"。

③在绘图工具栏中单击圆弧图标📐。

【例2.6】 图2.8为已知直线,过已知直线绘制一个半圆弧。

图2.8 已知直线

绘制步骤如下：

①输入圆弧快捷命令"A"，回车。

②命令行提示"指定圆弧的第一点:"时,用十字光标指定直线的一个端点,回车。

③命令行提示"指定圆弧的第二点或[圆心(C)/端点(E)]:"时,在命令行中输入"C"，回车。

④命令行提示"指定圆弧的圆心:"时,用十字光标捕捉已知直线的中点。

⑤命令行提示"指定圆弧的端点:"时,用十字光标捕捉直线的另一个端点,绘制圆弧完成,如图2.9所示。

【例2.7】 绘制一个如图2.10所示的半径为500的1/4圆弧。

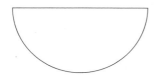

图2.9　过直线两端点绘制半圆弧　　　　　图2.10　半径为500的1/4圆弧

绘制步骤如下:

①在命令行中输入圆弧快捷命令"A",回车。

②命令行提示"指定圆弧的起点或[圆心(C)]:"时,用十字光标在屏幕内随机单击一点。

③命令行提示"指定圆弧的第二个点或[圆心(C)/端点(E)]:"时,在命令行中输入"C",进入指定圆心模式,回车。

④命令行提示"指定圆弧的圆心:"时,输入圆心相对圆弧起点的相对坐标"@500,0",回车。

⑤命令行提示"指定圆弧的端点或[角度(A)/弦长(L)]:"时,用十字光标指定圆弧终点;或者输入"A"并回车,命令行提示"指定包含角:"时,输入"90",回车。

▶ 2.2.3　圆环

圆环是由两个同心圆构成的,只要确定同心圆圆心的位置以及圆环的内径和外径,即可确定圆环。

绘制圆环的方法有以下两种:

①在命令行中输入圆环命令"DONUT"或快捷命令"DO"并回车。

②在菜单栏中单击"绘图(D)"→"圆环(D)"。

【例2.8】 绘制圆环,内径100,外径120。

绘制步骤如下:

①输入圆环快捷命令"do",回车。

②命令行提示"指定圆环内径:"时,输入"100",回车。

③命令行提示"指定圆环外径:"时,输入"120",回车。

④命令行提示"指定圆环的中心点:"时,用十字光标在屏幕内需要点单击即可,结果如图2.11所示。

图2.11　圆环

▶ 2.2.4　椭圆与椭圆弧

椭圆的控制参数有长轴和短轴,通过确定长轴和短轴的起点和长度,即可确定椭圆。

绘制椭圆与椭圆弧的方法有以下3种:

①在命令行中输入椭圆命令"ELLIPSE"或快捷命令"EL"并回车。

②在菜单栏中单击"绘制(D)"→"椭圆(E)"→"圆弧(A)"。

③在绘图工具栏中单击椭圆图标 ⬭ 或椭圆弧图标 ⬭。

【例2.9】 绘制一个椭圆,椭圆长轴为100,短轴为80。

绘制步骤如下:

①选择绘图工具栏中的椭圆图标。

②命令行提示"指定椭圆的轴端点或[圆弧(A)/中心点(C)]:"时,用十字光标在屏幕内随机拾取一点。

③命令行提示"指定轴的另一个端点:"时,输入相对坐标"@100,0",回车。

④命令行提示"指定另一根半轴的长度或[旋转(R)]:"时,输入"40",回车,结果如图2.12所示。

【例2.10】 绘制如图2.13所示的连环圆,两小圆半径均为100 mm,中等圆半径为200 mm,最大圆与其余三圆相切。

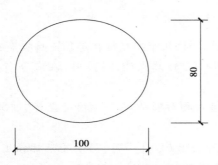

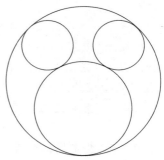

图2.12 绘制已知长轴、短轴的椭圆 　　　　图2.13 连环圆

绘制步骤如下:

①在命令行中输入圆快捷命令"C",回车。

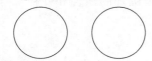

②命令行提示"指定圆的圆心或[三点(3P)/两点(2P)/相切、相切、半径(T)]:"时,在屏幕内随机单击一点。

③命令行提示"指定圆的半径或[直径(D)]:"时,输入两小圆半径"100",回车。

图2.14 两个半径相等的小圆

④用同样的方法再绘制一个相同大小的圆,结果如图2.14所示。

⑤按空格键或回车键,重复执行绘制圆的命令,命令行提示"指定圆的圆心或[三点(3P)/两点(2P)/相切、相切、半径(T)]:"时,输入"T"并回车,用"相切、相切、半径(T)"的方法绘制半径为200且与两个小圆均相切的中等圆。

⑥命令行提示"指定对象与圆的第一个切点:"时,用鼠标在左侧小圆上选取一点。

⑦命令行提示"指定对象与圆的第二个切点:"时,用鼠标在右侧小圆上选取一点。

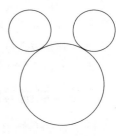

注意: 在小圆上指定切点时,应出现橘黄色切点捕捉符号。如未出现,需要进入对象捕捉设置,对切点选项进行勾选。

⑧命令行提示"指定圆的半径:"时,输入200,回车,结果如图2.15所示。

图2.15 大圆内的3个圆

⑨按回车,重复执行绘制圆的命令,命令行提示"指定圆的圆心或[三点(3P)/两点(2P)/相切、相切、半径(T)]:"时,输入"3P"并回车,进入"三点(3P)"模式绘制最外面的大圆。

⑩按照命令行中的提示,分别在已画好的 3 个圆上选取 3 个切点即可。结果如图 2.13 所示。

注意:在第十步,指定切点前,需要设置对象捕捉,仅开启切点捕捉,如图 2.16 所示。

图 2.16　仅开启切点捕捉

2.3　平面图形

在本节中,平面图形包括矩形和正多边形,其中矩形还包括倒角矩形和圆角矩形。

▶ 2.3.1　矩形

在建筑图形中,矩形是最常见的图形之一,通常在绘制图框、建筑结构、建筑构配件时使用。

矩形的绘制方法有以下 3 种:

①在命令行中输入命令"RECTANG"或快捷命令"REC"并回车。

②在菜单栏中选择"绘图(D)"→"矩形(G)"。

③在绘图工具栏中单击矩形图标 □。

在绘制矩形时,命令行中提示的选项含义:

①第一个角点:通过指定矩形的两个对角点确定矩形。

②倒角(C):指定倒角距离,绘制带倒角的矩形。

③标高(E):指定矩形标高(Z 坐标),即把矩形画在标高为 Z 且和 XOY 坐标面平行的平面上,并作为后续矩形的标高值。

④圆角(F):指定圆角半径,绘制带圆角的矩形。

⑤厚度(T):指定矩形的厚度。

⑥宽度(W):指定线宽。

⑦尺寸(D):使用长和宽创建矩形。第二个指定点将矩形定位在与第一角点相关的 4 个位置之一内。

⑧面积(A):指定面积和长或宽创建矩形。

⑨旋转(R):旋转所绘制的矩形的角度。指定旋转角度后,系统按指定角度创建矩形。

【例2.11】 绘制长100,宽80的矩形。

绘制步骤如下:

①在命令行中输入快捷命令"REC",回车。

②命令行提示"指定第一个角点或[倒角(C)/标高(E)/圆角(F)/厚度(T)/宽度(W)]:"时,用十字光标在屏幕内单击一点。

③命令行提示"指定另一个角点或[面积(A)/尺寸(D)/旋转(R)]:"时,输入"D"并回车,进入输入尺寸绘制矩形模式。

④命令行提示"指定矩形的长度:"时,输入"100",回车。

⑤命令行提示"指定矩形的宽度:"时,输入"80",回车。

⑥命令行提示"指定另一个角点:"时,单击屏幕内的一点决定矩形的方位。结果如图2.17所示。

【例2.12】 绘制如图2.18所示的倒角矩形。

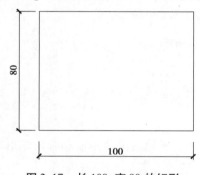

图2.17　长100、宽80的矩形

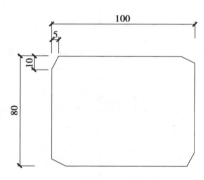

图2.18　倒角矩形

绘制步骤如下:

①在命令行中输入快捷命令"REC",回车。

②命令行提示"指定第一个角点或[倒角(C)/标高(E)/圆角(F)/厚度(T)/宽度(W)]:"时,输入"C",回车。

③命令行提示"指定矩形的第一个倒角距离:"时,输入"10",回车。

④命令行提示"指定第二个倒角距离:"时,输入"5",回车。

⑤命令行提示"指定第一个角点或[倒角(C)/标高(E)/圆角(F)/厚度(T)/宽度(W)]:"时,用十字光标在屏幕内单击一点。

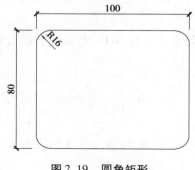

图2.19　圆角矩形

⑥命令行提示"指定另一个角点或[面积(A)/尺寸(D)/旋转(R)]:"时,输入"D",回车。

⑦命令行提示"指定矩形长度:"时,输入"100",回车。

⑧命令行提示"指定矩形宽度:"时,输入"80",回车。

⑨命令行提示"指定另一个角点:"时,在屏幕上指定另一个角点,矩形绘制完成。

【例2.13】 绘制如图2.19所示的圆角矩形。

绘制步骤如下：

①在命令行中输入快捷命令"REC"，回车。

②命令行提示"指定第一个角点或［倒角（C）/标高（E）/圆角（F）/厚度（T）/宽度（W）］："时，输入"F"，回车。

③命令行提示"指定矩形圆角的半径："时，输入"10"，回车。

④命令行提示"指定第一个角点或［倒角（C）/标高（E）/圆角（F）/厚度（T）/宽度（W）］："时，用十字光标在绘图区域单击一点。

⑤命令行提示"指定另一个角点或［面积（A）/尺寸（D）/旋转（R）］："时，输入"D"，回车。

⑥命令行提示"指定矩形长度："时，输入"100"，回车。

⑦命令行提示"指定矩形宽度："时，输入"80"，回车。

⑧命令行提示"指定另一个角点："时，在屏幕上指定另一个角点即可。

▶ **2.3.2 正多边形**

在 AutoCAD 中，正多边形命令应用广泛，可以绘制 3 ~ 1 024 条边的正多边形。

绘制正多边形的方法有以下 3 种：

①在命令行中输入正多边形命令"POLYGON"或快捷命令"POL"并回车。

②在菜单栏中单击"绘图（D）"→"多边形（Y）"。

③在绘图工具栏中单击正多边形图标 ⬠。

在绘制正多边形时，针对图形的不同已知条件，有"内接于圆（I）""外切于圆（C）""边（E）"3 种绘制模式。图 2.20 为 3 种不同已知条件，其中（a）图为已知正多边形中心点到角点的距离，此时选用"内接于圆（I）"绘制正多边形，（b）图为已知中心点到边的垂直距离，此时选用"外切于圆（C）"模式绘图，两图中的圆均为虚拟圆，绘图时并不会出现，（c）图为已知边长。

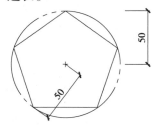 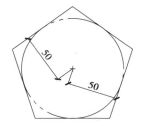 

（a）已知中心点到角点的　　　　（b）已知中心点到边的垂直　　　　（c）已知边长
　距离→选内接于圆　　　　　　　距离→选外切于圆

图 2.20　正多边形的 3 种不同已知条件

【例 2.14】　用正多边形命令绘制边长为 100 的正方形和边长为 100 的正六边形。

绘制步骤如下：

①在命令行中输入快捷命令"POL"，回车。

②命令行提示"输入侧面数<4>:"，尖括号内为默认操作，因此，可不输入数据，直接回车。

③命令行提示"指定正多边形的中心点或［边（E）］："时，用鼠标在绘图区域单击一点来

指定中心点。

④命令行提示"输入选项[内接于圆(I)/外切于圆(C)]<I>:"时,输入"C",回车。

⑤命令行提示"指定圆的半径:"时,输入"50",完成边长为100的正方形的绘制。

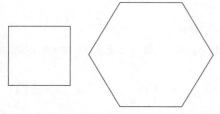

⑥按回车重复执行绘制多边形命令,命令行提示"输入侧面数<4>:"时,输入"6",回车。

⑦命令行提示"输入选项[内接于圆(I)/外切于圆(C)]<I>:"时,直接回车执行默认选项"内接于圆(I)"。

⑧命令行提示"指定圆的半径:"时,输入"100",完成正六边形的绘制。结果如图2.21所示。

图2.21　边长为100的正方形及正六边形

2.4　点、多段线与多线

本节内容包括点的绘制以及复杂直线命令多段线与多线的绘制。

▶ 2.4.1　点

点是最基本、最简单的几何要素。理论上,点因为没有长度和面积,所以位置不易被看见,但在AutoCAD中可以通过设置一定的样式来确定点的位置。

1)点

绘制点的方法有以下3种:

①在命令行中输入命令"POINT"或快捷命令"PO"并回车。

②在菜单栏中选择"绘图(D)"→"点(O)"→"单点(S)"或"多点(P)"。

③在绘图工具栏中单击点图标 。

执行上述任一操作后,命令行会提示"指定点:",此时用十字光标单击绘图区域任意点,即会出现小黑点。

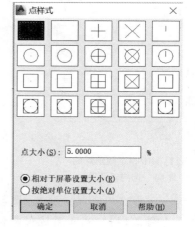

点在图形中的表示样式共有20种。可通过命令"DDPTYPE"或快捷命令"DDP"或单击菜单栏中"格式(O)"→"点样式(P)",在弹出的"点样式"对话框中进行设置,如图2.22所示。

2)等分点

可以使用点对图形对象进行等分,如等分直线、圆等。等分有两种方式:一种为定数等分,如把某直线等分为5份;另一种为定距离等分,如把某直线按每段100的距离进行等分。每种等分方式均各有两种常用操作方法。需要注意的

图2.22　"点样式"对话框

是,点样式默认为一个很小的黑点,在进行等分之前或之后,需要对点样式进行设置,否则将无法看见等分效果。

(1)定数等分

①在命令行中输入命令"DIVIDE"或快捷命令"DIV"并回车。

②在菜单栏中单击"绘制(D)"→"点(O)"→"定数等分(D)"。

执行上述任一操作后,命令行提示"选择要定数等分的对象:"时,选择已绘制完成的要定数等分的对象。

然后命令行提示"输入线段数目或[块(B)]:"时,输入需要等分的数目并回车。

注意:等分数范围为 2 ~ 32 767,在等分点处,按当前点样式设置画出等分点。

在第二提示行选择"块(B)"选项时,表示在等分点处插入指定的块(BLOCK)。

(2)定距等分

①在命令行中输入"MEASURE"或快捷命令"ME"并回车。

②在菜单栏中单击"绘图(D)"→"点(O)"→"定距等分(M)"。

执行上述任一操作后,命令行提示"选择要定距等分的对象:"时,用十字光标选择要设置定距等分的图形对象。

命令行再次提示"指定线段长度或[块(B)]:"时,输入分段长度并回车。

注意:等分的起点一般为指定线的绘制起点。在第二提示行选择"块(B)"选项时,表示在定距等分点处插入指定的块;后续操作与等分点类似,在等分点处,按当前点样式设置画出等分点。最后一个测量段的长度不一定等于指定分段长度。

▶ **2.4.2 多段线**

多段线是由多条直线或直线与曲线构成的特殊线段,这些线段所构成的图形是一个整体,可以对其进行统一编辑。多段线可以设置其线宽。

1)绘制多段线

绘制多段线的方法有以下 3 种:

①在命令行中输入"PLINE"或快捷命令"PL"并回车。

②在菜单栏中单击"绘图(D)"→"多段线(P)"。

③在绘图工具栏中单击多段线图标 ⌐。

执行上述任一操作后,命令行提示"指定起点:"时,用十字光标单击绘图区域中的一点;命令行提示"指定下一个点或[圆弧(A)/半宽(H)/长度(L)/放弃(U)/宽度(W)]:"时,单击绘图区域的另一点;命令行继续提示"指定下一个点或[圆弧(A)/半宽(H)/长度(L)/放弃(U)/宽度(W)]:",如此可以一直绘制下去,如若绘制完成按回车。

在绘制多段线时的选项含义:

①圆弧(A):将绘制多段直线的方式转换为绘制圆弧。

②半宽(H):指定多段线的半宽值。

③长度(L):定义下一条多段线的长度。

④放弃(U):放弃多段线的绘制。

⑤宽度(W):设置多段线的线条宽度。

2)编辑多段线

编辑多段线的方法有以下 4 种:

①在命令行中输入"PEDIT"或快捷命令"PE"并回车。

②在菜单栏中单击"修改(M)"→"对象(O)"→"多段线(P)"。

③在工具栏空白处右击鼠标,在"ACAD"下拉菜单中勾选"修改Ⅱ",从打开的快捷菜单

上单击编辑多段线图标🖉。

④选择要编辑的多线段,在绘图区域右击鼠标,从打开的快捷菜单上选择"多段线编辑(I)"。

【例2.15】 用多段线绘制矩形,长100,宽80,多段线宽为10。

绘制步骤如下:

①在命令行中输入"PL",回车。

②命令行提示"指定起点:"时,单击绘图区域内任意点。

③命令行提示"指定下一个点或[圆弧(A)/半宽(H)/长度(L)/放弃(U)/宽度(W)]:"时,输入"W"并回车,进入设置多段线线宽模式。

④命令行提示"指定起点宽度<0.00>:"时,输入"10",回车。

⑤命令行提示"指定端点宽度<10.00>:"时,尖括号内数据为默认数据,可直接按回车。

⑥命令行提示"指定下一个点或[圆弧(A)/半宽(H)/长度(L)/放弃(U)/宽度(W)]:"时,输入第一点的相对坐标"@100,0",回车。

图2.23 多段线绘制矩形

⑦命令行提示"指定下一个点或[圆弧(A)/半宽(H)/长度(L)/放弃(U)/宽度(W)]:"时,输入相对上一点的相对坐标"@0,80",回车。

⑧命令行提示"指定下一个点或[圆弧(A)/半宽(H)/长度(L)/放弃(U)/宽度(W)]:"时,输入相对上一点的相对坐标"@-100,0",回车。

⑨命令行提示"指定下一个点或[圆弧(A)/半宽(H)/长度(L)/放弃(U)/宽度(W)]:"时,输入相对上一点的相对坐标"@0,-80",回车;结果如图2.23所示。

【例2.16】 绘制楼梯立面图,线宽设置为1,如图2.24所示。

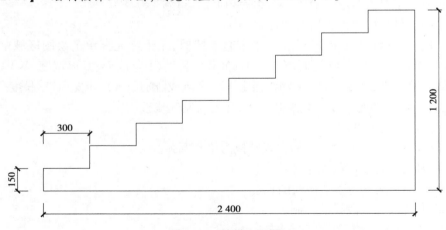

图2.24 楼梯立面图

绘制步骤如下:

①在命令行中输入快捷命令"PL",回车。

②命令行提示"指定起点:"时,用鼠标在屏幕内随机指定一点。

③命令行提示"指定下一个点或[圆弧(A)/半宽(H)/长度(L)/放弃(U)/宽度(W)]:"时,输入"W",回车。

④命令行提示"指定起点宽度:"时,输入"1",回车。

⑤命令行提示"指定端点宽度<1.00>:"尖括号内表示默认为"1",直接按回车。

⑥用鼠标单击状态栏中(界面最底部)的正交符号 ，单击后即点亮成天蓝色,则"正交"成功设为开启状态。

⑦将十字光标往上移动后,输入"150",回车,再往右移动后,输入"300",回车。

⑧重复第七步7次,即可完成楼梯踏步的绘制,再用直线或多段线绘制水平和竖向的直线,即完成楼梯立面图的绘制。

▶ 2.4.3 多线

多线是指由多条平行线构成的线段,具有起点和终点,同时还具有构成多线的单条平行线元素属性。多线常用于建筑制图过程中的墙体等绘制。绘制多线之前应先对多线样式进行定义。

1)定义多线样式

定义多线样式的方法主要有以下两种:

①在命令行中输入"MLSTYLE"或快捷命令"MLST"并回车。

②在菜单栏中单击"格式O"→"多线样式(M)…"。

执行上述任一操作后,系统自动执行该命令,打开"多线样式"对话框,如图2.25所示。在该对话框中,用户可以对多线样式进行定义、保存和加载等操作。

图2.25 "多线样式"对话框

2)绘制多线

绘制多线的方法有以下两种:

①在命令行中输入"MLINE"或快捷命令"ML"并回车。

②在菜单栏中单击"绘图(D)"→"多线(U)"。

执行上述任一操作后,命令行提示"当前设置:对正=上,比例=20.00,样式=STANDARD;"。命令行提示"指定起点或[对正(J)/比例(S)/样式(ST)]:"时指定起点;

命令行提示"指定下一点:"时给定下一点;

命令行提示"指定下一点或[放弃(U)]:"时继续给定下一点绘制线段。输入"U",则放弃前一段的绘制;单击鼠标右键或按回车键,结束命令。

命令行提示"指定下一点或[闭合(C)/放弃(U)]:"时继续给定下一点绘制线段。输入"C",则闭合线段,结束命令。

3)编辑多线

编辑多线的方法有以下两种:

①在命令行中输入"MLEDIT"或快捷命令"MLED"并回车。

②在菜单栏中单击"修改(M)"→"对象(O)"→"多线(M)..."。

执行上述任一操作后,系统自动打开"多线编辑工具"对话框(图2.26),利用该对话框,可以创建或修改多线模式。在对话框中分4列显示示例图形。单击选择某个示例图形,然后单击"确定"按钮,即可调用该项编辑功能。

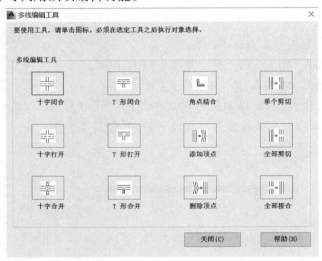

图2.26 编辑多线样式

【例2.17】 绘制墙体,墙厚为240,如图2.27所示。

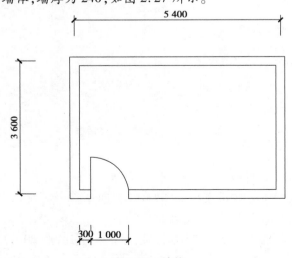

图2.27 墙体

绘制步骤如下：

①在命令行中输入"MLST"并回车，系统自动执行该命令，弹出"多线样式"对话框，如图 2.25 所示。

②单击"多线样式"对话框中的新建按钮，弹出"创建新的多线样式"对话框，如图 2.28 所示。

图 2.28　"创建新的多线样式"对话框

③输入新样式名"24 墙"（自定义名字，方便识别），单击 继续 按钮，弹出"新建多线样式：24 墙"对话框，如图 2.29 所示。

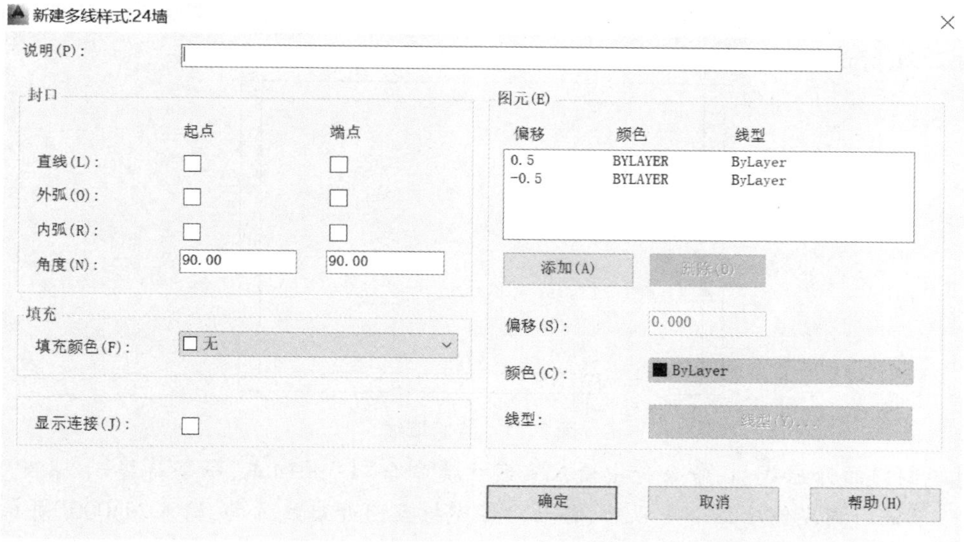

图 2.29　"新建多线样式：24 墙"对话框

④在"新建多线样式：24 墙"对话框的"封口"选项里，在"直线（L）："后面的"起点""端点"的方框内打钩，如图 2.30 所示。

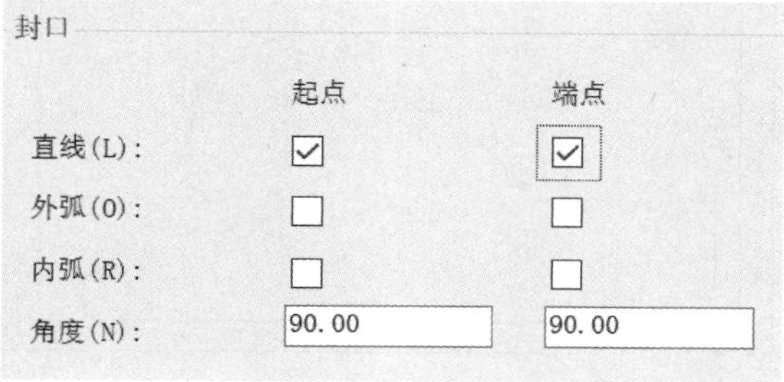

图 2.30　设置多线封口形式

⑤单击 确定 按钮,系统自动回到多线样式对话框。

⑥单击 置为当前(U) 按钮,将新建的多线样式置为当前样式,然后单击 确定 ,完成多线样式的设置。

⑦在命令行中输入多线快捷命令"ML",回车。

⑧命令行提示"指定起点或[对正(J)/比例(S)/样式(ST)]:"时,输入"J"并回车或单击"对正(J)",设置多线对正样式。

⑨命令行提示"输入对正类型[上(T)/无(Z)/下(B)]:"时,输入"Z"并回车或单击"无(Z)"。

⑩命令行提示"指定起点或[对正(J)/比例(S)/样式(ST)]:"时,输入"S"并回车,设置多线比例。

⑪命令行提示"输入多线比例:"时,输入"240",回车。

⑫命令行提示"指定起点或[对正(J)/比例(S)/样式(ST)]:"时,用十字光标在屏幕内随机指定一点作为多线的起点。

⑬命令行提示"指定下一点:"时,单击状态栏中的"正交图标" ,由灰色变为天蓝色,正交模式即设为开启状态。然后按照题目中墙体的走向和尺寸依次指定多线的下一点。结果如图2.31所示。

图2.31 绘制墙线

⑭绘制门的开启线:在命令行中输入直线快捷命令"L"并回车,命令行提示"指定直线起点:"时,单击门洞左侧墙端部中点后,移动十字光标至门开启线方向,输入"1 000"并回车,绘制门的开启方向线。结果如图2.32所示。

图2.32 绘制门的开启方向线

⑮绘制 1/4 圆弧：在命令行中输入圆弧命令快捷命令"A"并回车；命令行提示"指定圆弧的起点或〔圆心（C）〕："时，输入"C"并回车；命令行提示"指定圆弧的圆心："时，用鼠标单击门开启线与墙的相交处为圆心；命令行提示"指定圆弧的起点："时，用鼠标指定圆弧右侧端点为起点；命令行提示"指定圆弧的端点或〔角度（A）/弦长（L）〕："时，输入"A"并回车（或用十字光标单击直线上部端点）；命令行提示"指定包含角："时，输入"90"并回车。结果如图 2.33 所示。

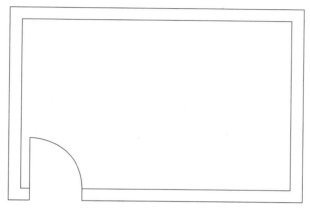

图 2.33　墙体绘制完成

2.5　样条曲线、面域与图案填充

本节主要内容包括样条曲线的绘制，面域与图案填充的方法，重点为图案填充。

▶ 2.5.1　样条曲线

AutoCAD 使用一种被称为非一致有理 B 样条（NURBS）曲线的特殊样条曲线类型。NURBS 曲线会在控制点之间产生一条光滑的曲线，如图 2.34 所示。样条曲线可用于创建形状不规则的曲线，例如，为地理信息系统（GIS）应用或汽车设计绘制轮廓线。

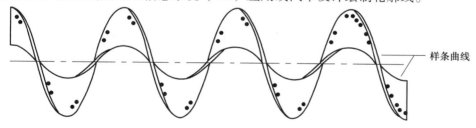

———— 样条曲线

图 2.34　样条曲线

1）绘制样条曲线

绘制样条曲线的方法主要有以下 3 种：

①在命令行中输入"SPLINE"或快捷命令"SPL"并回车。

②在菜单栏中单击"绘图（D）"→"样条曲线（S）"。

③在绘图工具栏中单击样条曲线图标 ∿。

执行上述任一操作后,命令行提示"指定第一个点或[方式(M)/节点(K)/对象(O)]:"时,单击绘图区域的一点指定样条曲线的起点;命令行提示"指定下一点或[起点切向(T)/公差(L)]:"时,单击绘图区域的一点为样条曲线第二点,如此往复,直至终点后回车,即可结束样条曲线的绘制。

2)编辑样条曲线

编辑样条曲线的方法有以下4种:

①在命令行中输入"SPLINEDIT"或快捷命令"SPE"并回车。

②在菜单栏中单击"修改(M)"→"对象(O)"→"样条曲线(S)"。

③用鼠标单击样条曲线以选中要编辑的样条曲线,在绘图区域右击鼠标,从打开的快捷菜单上选择"样条曲线(S)"。

④在"修改Ⅱ"工具栏中单击编辑样条曲线图标 。

当选择的样条曲线是用SPLINE命令创建时,其近似点以夹点的颜色显示出来。执行上述任一操作后,会出现提示"输入选项[拟合数据(F)/闭合(C)/移动顶点(M)/精度(R)/反转(E)/放弃(U)]:",提示中的选项含义如下:

①拟合数据(F):编辑近似数据。选择该项后,指定的各点以小方格的形式显示出来。

②移动顶点(M):移动样条曲线上的当前点。

③精度(R):调整样条曲线的定义。

④反转(E):翻转样条曲线的方向。该项操作主要用于应用程序。

▶ **2.5.2 面域**

面域是指具有边界的二维封闭区域,包括边界和边界内的平面。面域作为一个特殊区域,可以进行面域的布尔运算,从而创建更加复杂的面域。

1)创建面域

创建面域的方法主要有以下3种:

①在命令行中输入"REGION"或快捷命令"REG"并回车。

②在菜单栏中单击"绘图(D)"→"面域(N)"。

③在绘图工具栏中单击面域图标 。

执行上述任一操作后,命令行提示"选择对象:"时,用鼠标选择对象并回车,系统自动将所选择的对象转换成面域。

2)面域的布尔运算方法

面域的布尔运算方法有并集、交集和差集3种,均可用以下3种方法进行操作:

①在命令行中输入"UNION"(并集)或"INTERSECT"(交集)或"SUBTRACT"(差集)并回车。

②在菜单栏中单击"修改(M)"→"实体编辑(N)"→单击相应的运算。

③在工具栏空白处,右击鼠标,在"ACAD"下拉列表中勾选"实体编辑",然后在打开的"实体编辑"工具栏中单击布尔运算图标:并集 (交集 、差集)。

执行上述任一操作后,命令行提示"选择对象:"时,用鼠标选择要进行面域计算的面域对象(注意只能是面域,如果不是面域需要先按第一种方法创建面域),系统即对所选择的面域做相应计算。

注意:选择对象时,如果是并集,则将需要合并的两个面域均选中后,回车;如果是差集,根据命令提示,先选需要保留的面域,回车,再选需要被减去的面域,回车;交集的选择方式与并集相同。

图2.35中图(a)的两个面域经3种布尔运算后,结果如图2.35(b)、(c)、(d)所示。

(a)原面域　　　(b)并集　　　(c)差集　　　(d)交集

图2.35　布尔运算结果

3)面域特性

形成面域后,可对面域的数据(面积、周长、质心、惯性矩、惯性积等)进行提取。提取方法主要有以下两种:

①在命令行中输入"MASSPROP"或快捷命令"MAS"并回车。

②在菜单栏中单击"工具(T)"→"查询(Q)"→"面域/质量特性(M)"。

执行上述任一操作后,命令行提示"选择对象:"时,选择对象并回车,系统自动切换到文本窗口,显示对象面域的质量特性数据。

▶ 2.5.3　图案填充

图案填充在建筑制图中常被用作图例,以显示某区域的材料,可分为实体填充和渐变填充。

1)基本概念

图案边界:定义边界的对象只能是直线、双向射线、单向射线、多段线、样条曲线、圆弧、圆、椭圆、椭圆弧、面域等对象,或是用这些对象定义的块,而且作为边界的对象,在当前屏幕上必须全部可见。

孤岛:在进行图案填充时,位于总填充域内的封闭区域称为孤岛。填充这种有孤岛的图案时,有3种显示样式设置,如图2.36所示。

(a)普通　　　(b)外部　　　(c)忽略

图2.36　填充方式

2)图案填充

图案填充的方法主要有以下3种:

①在命令行中输入"BHATCH"或快捷命令"BH"或"H"并回车。

②在菜单栏中单击"绘图(D)"→"图案填充(H)…"。

③在绘图工具栏中单击图案填充图标▨或渐变色图标▨。

执行上述任一操作后,系统弹出"图案填充和渐变色"对话框,如图2.37所示,单击此对

话框右下角的箭头符号 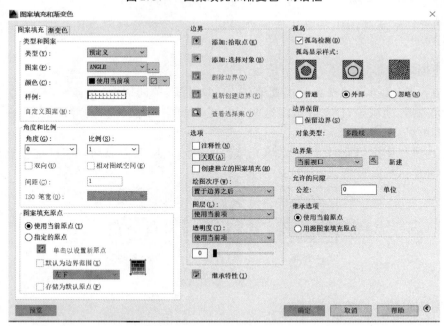,得孤岛检测设置,如图2.38所示。"图案填充"标签:此标签下各选项用来确定图案及其参数;"渐变色"标签:渐变色是指从一种颜色到另一种颜色的平滑过渡。渐变色能产生光的效果,可为图形添加视觉效果。

图2.37 "图案填充和渐变色"对话框

图2.38 图案填充孤岛检测

3)编辑图案

编辑图案填充的方法主要有以下3种:

①在命令行中输入"HATCHEDIT"或快捷命令"HE"并回车。

②在菜单栏中单击"修改(M)"→"对象(O)"→"图案填充(H)..."。

③在"修改Ⅱ"工具栏中单击编辑图案填充图标 。

执行上述操作后,系统弹出与图2.37内容一致的"图案填充编辑"对话框,利用该对话框,可以对已弹出的图案进行一系列的编辑修改。该对话框中各项的含义与"图案填充和渐变色"对话框中各项的含义相同。

【例2.18】 绘制如图2.39所示的公园一角。

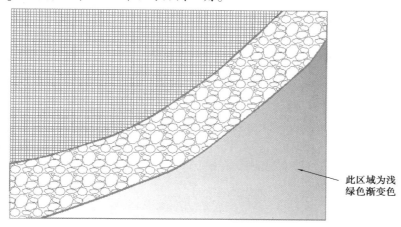

此区域为浅绿色渐变色

图2.39 公园一角效果图

绘制步骤如下:

①在命令行中输入"REC"并回车,执行绘制矩形命令,绘制外边矩形框,结果如图2.40所示。

②在命令行中输入"PL"并回车,执行多段线命令,绘制图中分界线,完成公园框架的绘制,结果如图2.41所示。

图2.40 外边框

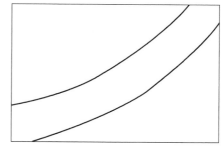

图2.41 公园框架

③用鼠标双击已经画好的多段线,选择图2.42中的"拟合(F)"功能对多段线进行编辑,使多段线平滑,结果如图2.43所示。

④在命令行中输入快捷命令"H",回车,弹出"图案填充和渐变色"对话框(图2.37),单击此对话框中的"图案(P):"项后面的按钮 ... ,即可弹出如图2.45所示的"填充图案选项板"对话框。

⑤在"填充图案选项板"对话框中单击"其他预定义"按钮,选择图2.46中的"GRAVEL"图案,也就是鹅卵石图例,单击 确定 按钮。

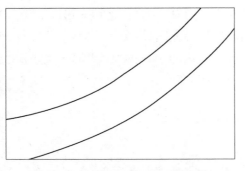

图 2.42　多段线　　　图 2.43　多段线拟合后的公园框架　　　图 2.44　选择"图案"
　　编辑选项

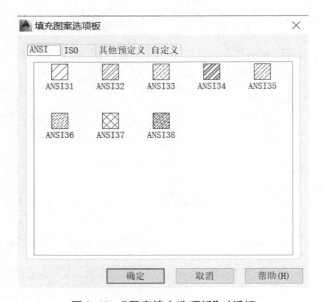

图 2.45　"图案填充选项板"对话框

图 2.46　"其他预定义图案"选项板

44

⑥在"图案填充和渐变色"对话框中(图2.38),单击如图2.47所示"边界"中 ,"添加:拾取点(K)"按钮;命令行提示"拾取内部点或选择对象(S)/删除边界(B)"时,用鼠标在需要填充的对象内部单击,则选取的对象变为虚线,如图2.48所示;回车,回到"图案填充和渐变色"对话框。

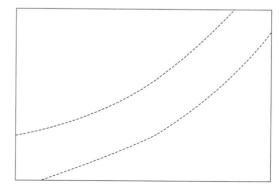

图2.47 选择"边界"　　　　　图2.48 选择"边界"后的效果图

⑦在如图2.49所示"角度和比例"中输入适合的角度和比例,单击"图案填充和渐变色"对话框中左下角的"预览"按钮,预览图案填充效果,如果对效果不满意,可按"Esc"键返回对话框,修改比例和角度(注意:比例越大,图案填充越稀疏),直至达到满意效果后按回车确定图案填充。最终效果如图2.50所示。

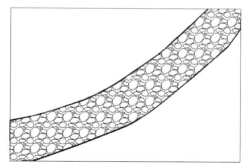

图2.49 选择"角度和比例"　　　　图2.50 鹅卵石填充效果图

⑧用相同的方法填充其他部分图案,如果遇到提示边界不闭合的情况,首先应使图案填充的边界修改至闭合,然后完成图案填充。最终效果如图2.39所示。

【练习与提高】

绘制如图2.51所示的图形。

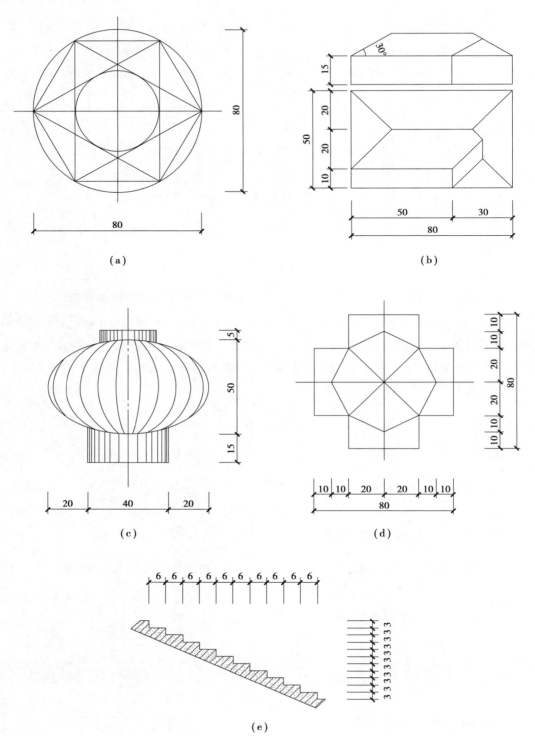

(a)

(b)

(c)

(d)

(e)

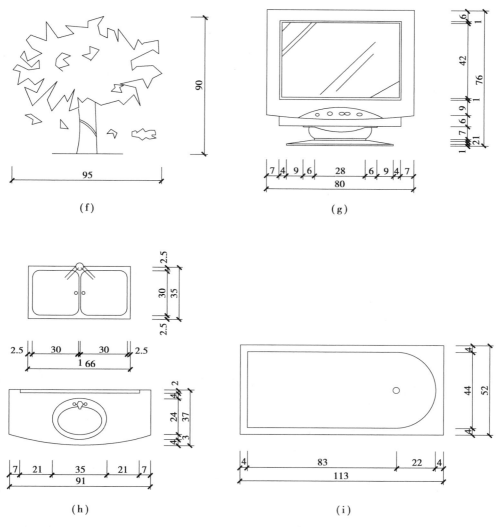

图 2.51 练习与提高

3

编辑图形

【内容提要】
本章主要内容包括选择图形对象、复制图形对象、修改图形对象、改变图形大小及位置类命令。
【能力要求】
- 熟练掌握基本绘图命令的使用；
- 结合绘图命令和编辑命令,有效提高绘图的效率和质量。

3.1 选择图形对象

在编辑图形对象前,首先需要选择该图形对象,在 AutoCAD 中选择图形对象的方式有很多种,常用的有点选图形对象、框选图形对象等。

▶ 3.1.1 点选图形对象

点选图形对象是最简单但效率较低的一种选择方式。当需要选择某个图形对象时,直接将十字光标移至要选择的图形对象上,然后单击鼠标左键,即可选择该图形对象。被选择后的图形会出现蓝色夹点,如图 3.1 所示。

▶ 3.1.2 框选图形对象

框选图形对象是最常用且效率较高的选择图形对象的方法。它的操作是在绘图区单击一点,移至第二点后再单击,则第一点到第二点所形成的矩形区域就是框选区。框选图形对象分为内部窗口选择和交叉窗口选择。

1)内部窗口选择图形

内部窗口选择图形对象是指先在图形左边单击鼠标左键指定矩形框的一个角点,然后在

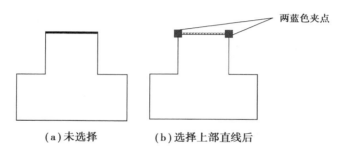

（a）未选择　　　（b）选择上部直线后

图3.1　点选图形前后效果

图形右边单击指定矩形框的另一个角点,此时的选框为蓝色,边框为实线,如图3.2(a)所示。这时只有全部包含在矩形框内部的图形对象将被选择:即只有3把椅子图形被选中,而桌子未被选中。选中结果如图3.2(b)所示,3把椅子的蓝色夹点显示出来。

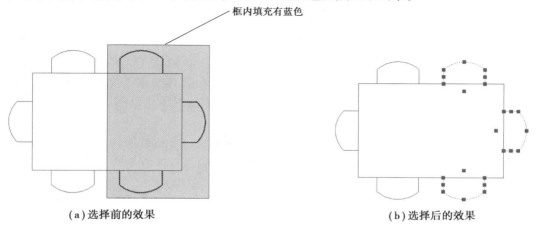

（a）选择前的效果　　　　　　　　　　　（b）选择后的效果

图3.2　内部窗口选择图形前后效果

2）交叉窗口选择图形

交叉窗口选择图形对象是首先在图形右边单击鼠标左键指定矩形的一个角点,然后在图形左边指定矩形框的另一个角点,此时的选框为绿色,边框为虚线,如图3.3(a)所示,这时包含在矩形框内且与矩形框相交的图形都会被选中,即3把椅子和桌子均被选中,选中结果如图3.3(b)所示,3把椅子和桌子的夹点均显示出来。

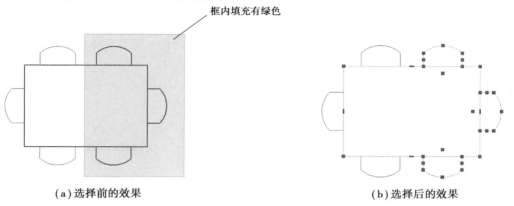

（a）选择前的效果　　　　　　　　　　　（b）选择后的效果

图3.3　交叉窗口选择图形前后效果

3.2 复制图形对象

在 AutoCAD 中,常用的复制类编辑命令主要有复制、镜像、偏移复制和阵列复制 4 种。

▶ 3.2.1 复制图形对象

使用复制命令可将一个或多个图形对象复制到指定的位置上。

执行复制命令,有以下 3 种方法:

①在命令行中输入复制命令"COPY"或快捷命令"CO"并回车。

②在菜单栏中选择"修改(M)"→"复制(Y)"命令。

③单击修改工具栏中的复制图标 ⭕。

执行上述任一操作后,命令行提示"选择对象:"时,可用框选图形对象或点选对象的方式选择要复制的对象,然后回车,命令行提示"指定基点或[位移(D)/模式(O)]<位移>:"时,单击绘图区任意点将其指定为基点(一般单击对象某一点,具体根据需要进行选择),命令行提示"指定第二个点或<使用第一个点作为位移>:"时,用鼠标单击绘图区任意点,将图像对象复制至该点,或者输入相对坐标值。

执行复制命令时,结合对象捕捉功能,可以快速准确地完成复制命令。

【例 3.1】 向右复制如图 3.4 所示的矩形,复制的基点与第二点在 X 轴的相对距离为 1 000,效果如图 3.5 所示。

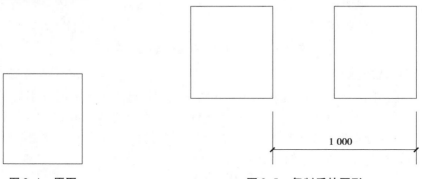

图 3.4 原图   图 3.5 复制后的图形

①输入命令"CO",回车,命令行提示"选择对象:"时,用交叉窗口选择的方式将矩形全部选中,如图 3.6 所示,选择完成呈现虚线,如图 3.7 所示,然后回车。

②命令行提示"指定基点或[位移(D)/模式(O)]<位移>:"时,单击矩形右下角将其指定为基点,如图 3.8 所示。

③命令行提示"指定第二个点或<使用第一个点作为位移>:"时,输入"@1000,0"并回车指定复制第二点,如图 3.9 所示,最后再回车结束复制命令。结果如图 3.5 所示。

▶ 3.2.2 镜像对象

绘制完全对称的图形时,可以先绘制其中的一半,然后使用镜像命令绘制另一半。

执行镜像命令有以下 3 种方法:

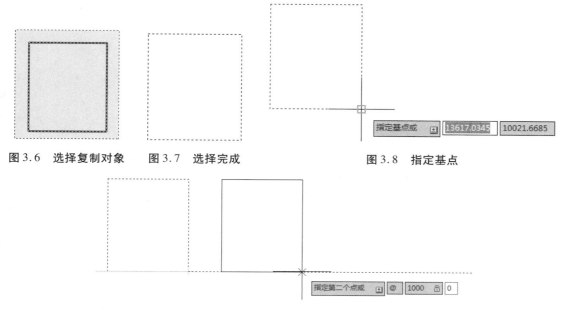

图 3.6　选择复制对象　　图 3.7　选择完成　　　　　图 3.8　指定基点

图 3.9　指定第二点

①在命令行中输入镜像命令"MIRROR"或快捷命令"MI"并回车。

②在菜单栏中单击"修改(M)"→"镜像(I)"命令。

③单击修改工具栏中的镜像图标 ⚄ 。

执行上述任一操作后,命令行提示"选择对象:"时,选择要进行镜像的图形对象并回车,然后按照命令行提示分别指定镜像线的第一点和第二点(第一点与第二点的连线方向即为图形的对称线即镜像线,此线并不会绘制出来),最后命令行提示"要删除原对象吗?〔是(Y)/否(N)〕<N>",来选择是否删除源对象。默认为不删除(尖括号内容为默认选项);若想要删除源对象,可单击"是(Y)",也可输入"Y"并回车。

执行镜像命令时,结合对象捕捉功能,可以快速准确地完成镜像命令。

【例3.2】　将图3.10中左边的餐椅镜像到桌子的右边,效果如图3.15所示。

①输入命令"MI"并回车,执行镜像命令。

命令行提示"选择对象:"时,将椅子全部选中,选中后呈现虚线,如图3.11所示,然后回车确认。

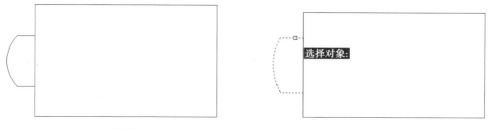

图 3.10　镜像餐椅　　　　　　图 3.11　选择镜像对象

②打开"对象捕捉"的捕捉中点功能,在命令行提示"指定镜像线的第一点:"时,单击上方水平线的中点,指定为镜像线的第一点,如图3.12所示。

③命令行提示"指定镜像线的第二点:"时,单击下方水平线的中点指定为镜像线的第二点,如图 3.13 所示。

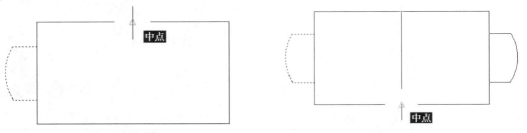

图 3.12　指定镜像线第一点　　　　　图 3.13　指定镜像线的第二点

④在命令行提示"要删除源对象吗?［是(Y)/否(N)］<N>"时,选择"否"选项或直接按回车键,即镜像之后不删除源对象,如图 3.14 所示,最终效果如图 3.15 所示。

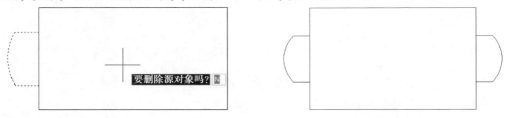

图 3.14　选择"否"选项　　　　　　图 3.15　镜像后效果图

▶ 3.2.3　偏移复制图形对象

执行偏移复制命令,可以对已经绘制好的图形对象进行偏移,以便生成与原图形平行的图形对象。

执行偏移命令有以下 3 种方法:

①在命令行中输入命令"OFFSET"或快捷命令"O"并回车。

②在菜单栏中选择"修改(M)"→"偏移(S)"命令。

③单击修改工具栏中的偏移图标 ⧉。

执行偏移命令偏移直线,偏移后的直线长度不变;偏移的对象如果是圆或者矩形,则偏移后的对象将被放大或缩小。

【例 3.3】　将图 3.16 的矩形向内偏移复制,偏移距离为 100,效果如图 3.17 所示。

①输入命令"O"并回车,执行偏移命令。

命令行提示"指定偏移距离或［通过(T)/删除(E)/图层(L)］<通过>:"时,输入"100",指定 100 为偏移距离。

②命令行提示"选择要偏移的对象,或［退出(E)/放弃(U)］<退出>:"时,选择矩形并回车,指定其为要偏移的图形对象。

③命令行提示"指定要偏移的那一侧上的点,或［退出(E)/多个(M)/放弃(U)］<退出>:"时,将鼠标移动到矩形内部单击鼠标左键,确定矩形的偏移方向即向矩形内部偏移。

④命令行提示"选择要偏移的对象,或［退出(E)/放弃(U)］<退出>:"时,按回车键,结束偏移命令,或者继续选择要偏移的对象执行偏移 100 的操作。

图 3.16　原矩形

图 3.17　偏移矩形后的效果

▶ 3.2.4　阵列复制图形对象

使用阵列复制命令可以一次性地将选择的图形对象复制多个并按照一定的规律排列。执行阵列命令后,将出现阵列命令提示,在提示选项中可以选择使用矩形或环形阵列的方式复制图形。

执行阵列复制命令主要有以下 3 种方法:

①在命令行中输入阵列命令"ARRAY"或快捷命令"AR"并回车。

②在菜单栏中单击"修改(M)"→"阵列"→"矩形阵列"或"环形阵列"或"路径阵列"。

③单击修改工具栏中的阵列图标 ⊞。

(1)矩形阵列

以图 3.17 为源对象说明矩形阵列的操作。

①在命令行中输入"AR"命令,回车。

②命令行提示"ARRAY 选择对象:"时,用框选或点选的方式选择图 3.17 为阵列对象,回车或单击鼠标右键确认。

③命令行或者图形窗口提示"输入阵列类型[矩形(R)/路径(PA)/极轴(PO)]<矩形>:"时,<矩形>表示默认为矩形阵列,如图 3.18 所示。

④用鼠标单击矩形阵列,或直接回车,或在命令行中输入"R",执行矩形阵列命令。

⑤此时出现矩形阵列后的图形,默认为 3 行 4 列,同时命令行提示"ARRAY 选择夹点以编辑阵列或[关联(AS)基点(B)计数(COU)间距(S)列数(COL)行数(R)层数(L)退出(X)]<退出>:",如图 3.19 所示。此时若仅需要改变行数,可用鼠标单击左上角三角形夹点;若仅需要改变列数,鼠标单击右下角三角形;若同时需要改变行数和列数,可单击右上角正方形夹点。

⑥确定行与列数后,鼠标单击第一列第二行的三角形夹点,命令行提示"指定行之间的距离或[基点(B)]:",可通过单击绘图区域任意点或输入行距离值;再用鼠标单击第一行第二列的三角形夹点,命令行提示"指定列之间的距离[基点(B)]:",可通过单击绘图区域任意点或输入列距离值。

⑦回车或空格键确认,完成阵列;若阵列不理想,回车确认前仍可单击上述夹点改变行数、列数、行距离及列距离等参数。

>: R
类型 = 矩形　关联 = 是
器· **ARRAY** 选择夹点以编辑阵列或 ［关联(AS) 基点(B) 计数(COU)
间距(S) 列数(COL) 行数(R) 层数(L) 退出(X)］ <退出>:│

图 3.19　矩形阵列行与列设置

图 3.18　阵列类型选择

（2）环形阵列

以图 3.20 为源对象说明环形阵列的操作,环形阵列后的效果如图 3.22 所示。

①在命令行中输入"ARRAY"或"AR"命令,回车。

②命令行提示"ARRAY 选择对象:"时,选择要阵列对象即图 3.20 中左侧椅子,选择完成后的椅子变为虚线,如图 3.21 所示,回车或单击鼠标右键确认。

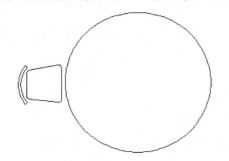

图 3.20　环形阵列前

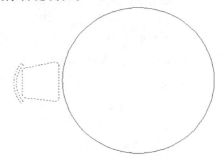

图 3.21　选择阵列对象

③命令行或者图形窗口提示"输入阵列类型［矩形(R)/路径(PA)/极轴(PO)］<矩形>:",单击选择"极轴(PO)"或输入"PO"并回车。

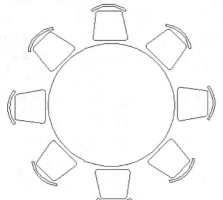

④命令行提示"ARRAY 指定阵列的中心点或［基点(B)旋转轴(A)］:",鼠标单击大圆圆心,以指定圆心为环形阵列中心点。

⑤命令行提示"ARRAY 选择夹点以编辑阵列或［关联(AS)基点(B)项目(I)项目间角度(A)填充角度(F)行数(ROW)层数(L)旋转项目(ROT)退出(X)<退出>:",输入 I。

注意:可通过鼠标单击左侧蓝色夹点,以放大缩小阵列范围;鼠标左击三角形夹点,以确定阵列角度及数目。

⑥命令行提示"ARRAY 输入阵列中的项目数或［表达式(E)］<6>:",输入"8"。

⑦回车或空格,完成的图形如图 3.22 所示。

图 3.22　完成阵列图形

3.3 修改图形对象

在 AutoCAD 中,通常需要对绘制的图形进行修改,甚至大多数的图形绘制是通过修改操作来完成的,本节重点介绍 AutoCAD 的修改命令。

▶ 3.3.1 删除图形对象

使用删除命令可以对多余的图形对象进行删除处理。

执行删除命令有以下 3 种方法:

①在命令行中输入删除命令"ERASE"或快捷命令"E"并回车。

②在菜单栏中单击"修改(M)"→"删除(E)"命令。

③单击修改工具栏中的删除图标 ✐ 。

执行上述操作后,命令行提示"选择对象:",在绘图区选择要进行删除的图形对象,按回车键即可将其删除。

▶ 3.3.2 修剪图形对象

使用修剪命令可将超出图形边界的线条进行修剪,被修剪的对象可以是直线、圆、圆弧、多段线、构造线等。

执行修剪命令主要有以下 3 种方法:

①在命令行中输入修剪命令"TRIM"或快捷命令"TR"并回车。

②在菜单栏中单击"修改(M)"→"修剪(T)"命令。

③单击修改工具栏中的修剪图标 -/- 。

执行上述任一操作后,首先应指定修剪边界,再选择需要进行修剪的图形对象。

命令行中的选项含义如下:

a. 全部选择:可将所有图形对象作为剪切边全部选择。

b. 窗交:可用交叉窗口的方式选择要修剪的图形对象。

【例3.4】 将如图 3.23(a)所示的外部直线剪掉,结果如图 3.23(b)所示。

(a)修剪前   (b)修剪后

图 3.23 用修剪命令修剪部分直线

①输入命令"TR",回车,执行修剪命令。

命令行提示"选择对象或<全部选择>:"时,将右侧垂直线及上方水平直线选中,作为剪切边,选中后的对象变为虚线,如图 3.24 所示,命令行继续提示"选择对象:"时,回车,表示对象选择完成,不再选择对象。

②命令行提示"选择要修剪的对象,或按住'Shift'键选择要延伸的对象,或[栏选(F)/窗交(C)/投影(P)/边(E)/删除(R)/放弃(U)]:"时,选择右侧及上侧要修剪掉的两条直线的多余部分,选择完成后回车。

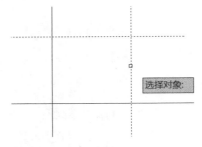

图 3.24　选择剪切边

▶ 3.3.3　延伸图形对象

使用延伸命令可将直线、圆弧、多段线的端点延伸到指定图形对象的边界,延伸边界可以是直线、圆弧和多段线。

执行延伸命令有以下 3 种方法:

①在命令行中输入延伸命令"EXTEND"或快捷命令"EX"并回车。

②在菜单栏中单击"修改(M)"→"延伸(D)"命令。

③单击修改工具栏中的延伸图标 ---/。

延伸命令和修剪命令在操作时极为相似,执行延伸命令时,首先应指定延伸边界,再选择需要进行延伸的图形对象。

对图形进行延伸操作时,选择延伸边界后,如果按住"Shift"键的同时选择延伸的图形对象,系统将作为修剪命令来执行;如果在执行修剪命令时按住"Shift"键的同时选择图形对象,则是按照延伸命令执行。

【例 3.5】　将图 3.25(a)中间的直线向上延伸,结果如图 3.25(b)所示。

①输入"EX"命令,回车,执行延伸命令。

命令行提示"选择对象或<全部选择>:"时,选中上方水平线,如图 3.26 所示,命令行继续提示"选择对象:"时,回车结束选择对象。

②命令行提示"选择要延伸的对象,或按住'Shift'键的同时选择要修剪的对象,或[栏选(F)/窗交(C)/投影(P)/边(E)/放弃(U)]:"时,单击中间两条直线需要延伸的一端,如图 3.27 所示,单击时,直线将自动延伸,最后回车结束延伸操作。

(a)延伸前　　　　　　　　　　　　　　　　(b)延伸后

图 3.25　用延伸命令延伸部分直线

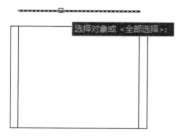

图 3.26　选择延伸边界

图 3.27　选择延伸对象

▶　**3.3.4　打断图形对象**

使用打断命令可以将直线、圆、圆弧、多段线、射线等图形对象从某一点断开或者删除对象中的一部分。

执行打断命令主要有以下 3 种方法：

①在命令行中输入"BREAK"或快捷命令"BR"命令并回车。

②在菜单栏中选择"修改（M）"→"打断（K）"命令。

③单击修改工具栏中的打断图标 ⌐⌐。

执行打断命令，首先应选择要打断的图形对象，命令行提示"指定第二个打断点或［第一点（F）］"时，在命令行输入"F"并回车，命令行提示"指定第一个打断点："时，单击要打断图形对象的第一点，命令行提示"指定第二个打断点："时，指定第二个打断点。

【例 3.6】　将如图 3.28 所示的直线沿 AB 点打断，效果如图 3.32 所示。

①输入"BR"命令，回车，执行打断命令。

命令行提示"选择对象："时，选中下方水平线，如图 3.29 所示。

图 3.28　打断图形对象　　　　　　　　图 3.29　选择打断图形对象

②命令行提示"指定第二个打断点或［第一点（F）］："时，输入"F"如图 3.30 所示，然后回车。

③打开"对象捕捉"的"端点"功能，命令行提示"指定第一个打断点："时，单击 A 点为打断的第一点，如图 3.31 所示；命令行提示"指定第二个打断点："时，单击 B 点，打断命令完成，效果如图 3.32 所示。

图 3.30　选择"第一点"选项　　　　　　图 3.31　指定打断的第一点

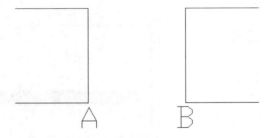

图 3.32　打断图形

▶ 3.3.5　倒角图形对象

使用倒角命令可以用一条斜线连接两个非平行对象。可用于倒角的对象有直线、多段线、构造线和射线等。

执行倒角命令主要有以下 3 种方法：

①在命令行中输入"CHAMFER"或快捷命令"CHA"并回车。

②在菜单栏中单击"修改（M）"→"倒角（C）"命令。

③单击修改工具栏中的倒角图标 ◢ 。

执行倒角命令时，首先设置倒角距离，然后选择要进行倒角的图形对象。

命令行中的各个选项含义如下：

a. 多段线（P）：选择该选项表示对所选的多段线整体进行倒角操作，如对正方形进行倒角处理时，可以同时将 4 个角点进行倒角。

b. 距离（D）：选择该选项可以设置倒角距离，当两个倒角距离不相同时，第一个倒角距离为选择的第一条倒角边的直线端点到第二条边的距离，第二个倒角距离为选择的第二条倒角边的直线端点到第一条边的距离。

c. 角度（A）：选择"角度"选项则是以指定一个角度和一个距离的方法设置倒角距离。

d. 修剪（T）："修剪"选项用于在执行倒角命令时，设置是否对源对象进行修剪处理。默认为修剪掉源对象。

e. 方式（E）：该选项用于设置倒角的方式是"距离"还是"角度"，"距离"方式是设置两个距离进行倒角，"角度"方式是设置一个距离一个角度执行倒角命令。

f. 多个（M）：选择该选项可以对多个图形进行倒角处理。

【例 3.7】　将边长为 50 的正方形左上角进行倒角处理，倒角距离为 10。

①绘制边长为 50 的正方形后，输入"CHA"并回车。

命令行提示"选择第一条直线或［放弃（U）／多段线（P）／距离（D）／角度（A）／修剪（T）／方式（E）／多个（M）］："时，输入"D"，如图 3.33 所示，进入距离选项，然后回车。

②命令行提示"指定第一个倒角距离<0.000>："后输入"10"，指定其为第一个倒角距离，如图 3.34 所示，然后回车。

③命令行提示"指定第二个倒角距离<10.000>："后输入"10"，指定其为第二个倒角距离，如图 3.35 所示，然后回车。

④在命令行提示"选择第一条直线或［放弃（U）／多段线（P）／距离（D）／角度（A）／修剪（T）／方式（E）／多个（M）］："时，单击水平直线将其指定为倒角的第一条直线，如图 3.36 所示；命令行提示"选择第二条直线，或按住 Shift 键选择直线以应用角点…："时，单击垂直

直线,将其指定为倒角的第二条直线,如图 3.37 所示,完成矩形的倒角操作,完成图如图 3.38 所示。

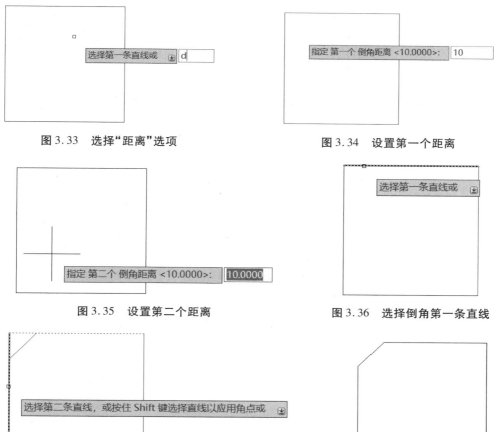

图 3.33 选择"距离"选项

图 3.34 设置第一个距离

图 3.35 设置第二个距离

图 3.36 选择倒角第一条直线

图 3.37 选择倒角第二条直线

图 3.38 完成图

► 3.3.6 圆角图形对象

使用圆角命令可以用一段圆弧连接两个对象,并且该圆角圆弧与两个图形对象相切。圆角命令适用的对象有直线、多段线、构造线和射线等,圆和椭圆不能执行该命令。

执行圆角命令主要有以下 3 种方法:

①在命令行中输入圆角命令"FILLET"或快捷命令"F"并回车。

②在菜单栏中选择"修改(M)"→"圆角(F)"命令。

③单击修改工具栏中的圆角图标 ◯。

执行圆角命令,首先设置圆角半径,然后选择要进行圆角的图形对象。

【例 3.8】 将边长为 50 的正方形左上角进行圆角处理,圆角半径为 15,保留原图形对象不修剪。

①首先运用前文所学,绘制边长为 50 的正方形,然后输入"F"并回车,执行圆角命令。

命令行提示"选择第一个对象或[放弃(U)/多段线(P)/半径(R)/修剪(T)/多个(M)]:"

时,输入"R",如图 3.39 所示,进入输入半径模式,然后回车。

②命令行提示"指定圆角半径<0.000>:"时,输入圆角半径"15",如图 3.40 所示,然后回车。

③命令行提示"选择第一个对象或[放弃(U)/多段线(P)/半径(R)/修剪(T)/多个(M)]:"时,输入"T",如图 3.41 所示,进入"修剪"选项设置修剪方式,然后回车。

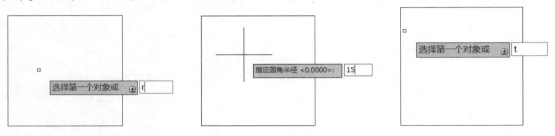

图 3.39　选择"半径"选项　　　　图 3.40　输入半径　　　　图 3.41　选择"修剪"选项

④命令行提示"输入修剪模式选项[修剪(T)/不修剪(N)]<修剪>:"时,单击"不修剪(N)",设置修剪模式为不修剪,即圆角之后保留原图形对象,如图 3.42 所示。

⑤命令行提示"选择第一个对象或[放弃(U)/多段线(P)/半径(R)/修剪(T)/多个(M)]:"时,单击选择水平直线,作为第一个圆角对象,如图 3.43 所示,命令行提示"选择第二个对象,或按住"Shift"键选择要应用角点的直线:"时,单击选择垂直直线,作为第二个圆角对象,如图 3.44 所示,圆角命令完成,如图 3.45 所示。

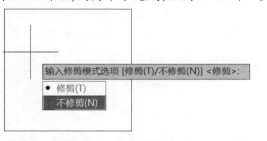

图 3.42　设置修剪模式　　　　　　图 3.43　选择圆角第一个对象

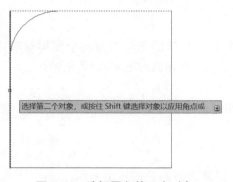

图 3.44　选择圆角第二个对象　　　　图 3.45　完成圆角

▶　3.3.7　分解图形对象

使用分解命令可以将由多个对象组合而成的图形分解成各个基本的组成对象。可以被分解的图形对象有图块、多段线等。

执行分解命令主要有以下3种方法：

①命令行输入"EXPLODE"或快捷命令"X"并回车。

②在菜单栏中单击"修改(M)"→"分解(X)"命令。

③单击修改工具栏中的分解图标 。

执行上述任一操作,命令行提示"选择对象:"时,用鼠标选择分解对象,回车即可将所选对象进行分解。将有属性的图块分解后,图块的属性值消失。分解有宽度的多段线时,多段线的宽度属性值消失。

【例3.9】 分解线宽为100的矩形。

①使用多段线命令"PL"绘制线宽为100的矩形,如图3.46所示。

②输入分解命令"X",回车,命令行提示"选择对象:"时,选择矩形,如图3.47所示选择完成后呈淡显,回车完成分解命令,分解后的图形如图3.48所示,此时用鼠标单击选择矩形,可以发现形成矩形的4条边不再是一个整体,而是独立的4条线段。

图3.46　绘制矩形　　　　图3.47　选择分解对象后　　　　图3.48　完成矩形的分解

3.4　改变图形大小及位置

在 AutoCAD 中,改变图形的大小是将已有图形对象的大小或长宽比例进行调整,可以通过缩放、拉伸来实现。改变图形的位置主要包括移动和旋转两种。

▶ 3.4.1　缩放图形对象

使用缩放命令可以改变实体的尺寸大小,在执行缩放命令时,需要指定缩放基点和缩放比例。

执行缩放命令有以下3种方法：

①在命令行中输入"SCALE"或快捷命令"SC"并回车。

②在菜单栏中单击"修改(M)"→"缩放(L)"命令。

③单击修改工具栏中的缩放图标 。

执行上述任一操作后,命令行提示"选择对象:",用鼠标在绘图区选择要进行缩放的图形对象,然后按照命令行提示分别指定缩放基点和缩放比例。比例小于1为缩小,比例大于1为放大。

【例3.10】 将图3.49中的办公桌进行放大处理,使桌椅尺寸匹配。

①输入缩放命令"SC",回车,命令行提示"选择对象:"时,将图形上方的办公桌全部选

中,如图3.50所示,选择完成以后呈虚线,然后回车。

②命令行提示"指定基点:"时,单击选择矩形中点,将其指定为缩放基点,如图3.51所示。

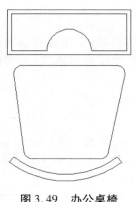

图3.49　办公桌椅

图3.50　选择缩放对象

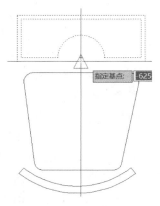

图3.51　指定缩放基点

③命令行提示"指定比例因子或［复制（C）/参照（R）］<1.000>:"时,输入"2",将比例因子设为2,如图3.52所示,然后回车,完成缩放命令,如图3.53所示。

图3.52　设置缩放比例

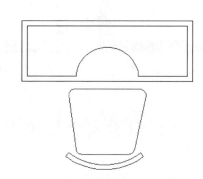

图3.53　完成缩放

► 3.4.2　拉伸图形对象

使用拉伸命令可以将图形对象以指定的方向和长度进行拉伸和缩短处理,被拉伸的对象可以是直线、圆、圆弧、多段线、多线等。

执行拉伸命令主要有以下3种方法:

①在命令行中输入"STRETCH"或快捷命令"S"并回车。

②在菜单栏中选择"修改（M）"→"拉伸（H）"命令。

③单击修改工具栏中的拉伸图标 。

执行上述任一操作后,命令行提示"选择对象:"时,选择需要拉伸的图形对象,回车;命令行提示"指定基点或［位移（D）］<位移>:",单击图形对象上的一点作为拉伸基点;命令行提示"指定第二个点或<使用第一点作为位移>:"时,移动鼠标拉伸图形对象至第二点即目标点。拉伸命令只能用交叉窗口的方式选择图形对象,若全选对象,则对象将被移动而非拉伸。

【例3.11】　将如图3.54所示的办公桌往右拉伸1 000的距离。

①输入命令"S",回车,执行拉伸命令,命令行提示"选择对象:"后用交叉窗口的方式(从右往左框选)选择拉伸对象,注意框选时将半圆弧全部包含在内,否则圆弧将被拉变形,如图3.55所示。

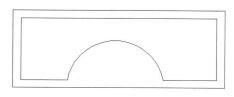

图3.54　办公桌

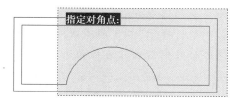

图3.55　选择拉伸对象

②命令行提示"指定基点或[位移(D)]<位移>:"后在绘图区拾取一点(图形上的一点或者图形外的一点均可)作为拉伸基点,如图3.56所示。

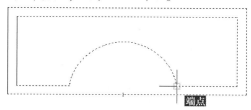

图3.56　指定拉伸基点

③命令行提示"指定第二点或<使用第一点作为位移>:"后输入"@1000,0",如图3.57所示,然后回车,完成拉伸命令如图3.58所示。从图3.58中可以看出,全部被包含在交叉窗口中的圆弧只是被移动而没有被拉伸。

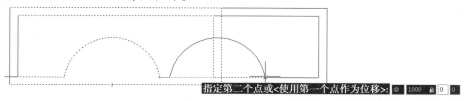

图3.57　指定拉伸第二点

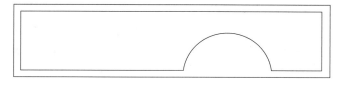

图3.58　完成拉伸

▶ 3.4.3　移动图形对象

使用移动命令可以将图形对象从当前位置移动到新位置,移动过程中并不改变图形的尺寸。

执行移动命令主要有以下3种方法:

①在命令行中输入"MOVE"或快捷命令"M"并回车。

②在菜单栏中单击"修改"→"移动"命令。

③单击"修改"工具栏中的"移动"按钮✥。

执行移动命令应先选择移动对象,再指定移动基点和第二点。

【例3.12】 将如图3.59所示的办公桌移动到图形正中间。

①输入"M"命令,回车,执行移动命令,命令行提示"选择对象:"时使用内部窗口的方式将办公桌全部选中,如图3.60所示,然后回车。

②命令行提示"指定基点或[位移(D)]<位移>:"时,打开对象捕捉和对象追踪功能,单击选择办公桌中心点作为移动基点,如图3.61所示。

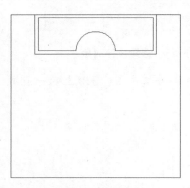

图3.59 办公桌原位置

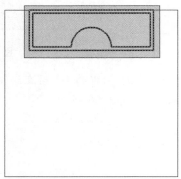

图3.60 选择移动对象

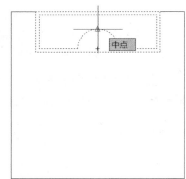

图3.61 指定移动基点

③命令行提示"指定第二个点或<使用第一点作为位移>:"时,单击选择矩形中心点作为移动第二点,如图3.62所示,完成移动命令如图3.63所示。

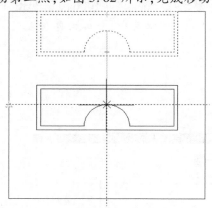

图3.62 指定移动第二点

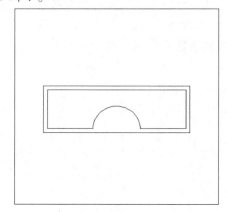

图3.63 完成移动命令

▶ 3.4.4 旋转图形对象

使用旋转命令可将图形对象围绕着指定点进行旋转。

执行旋转命令有以下3种方法:

①在命令行中输入"ROTATE"或快捷命令"RO"并回车。

②在菜单栏中单击"修改(M)"→"旋转(R)"命令。

③单击修改工具栏中的旋转图标 ↻。

执行旋转命令,应先选择旋转对象,再指定旋转基点和旋转角度。

命令行中的各选项含义如下:

a.复制(C):选择该选项,可在旋转图形的同时,对图形进行复制操作,即保留旋转前对象,新对象是通过复制并旋转得到的。

b. 参照(R):该选项以参照方式旋转对象,需要依次指定参照方向的角度值和相对于参照方向的角度值。

【例3.13】 将如图3.63所示的横向办公桌旋转成竖向放置。

①输入"RO"命令,回车,执行旋转命令,命令行提示"选择对象:"时,将办公桌全部选中,如图3.64所示,然后回车。

②命令行提示"指定基点:"时,打开对象捕捉和对象追踪功能,选择办公桌中心点作为旋转基点,如图3.65所示。

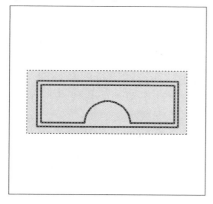

图3.64 选定旋转对象

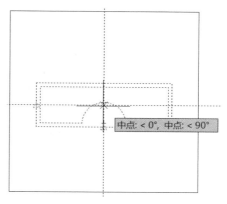

图3.65 指定旋转基点

③命令行提示"指定旋转角度,或[复制(C)/参照(R)]<0>:"时,输入"-90",如图3.66所示,然后回车,完成旋转命令,如图3.67所示。

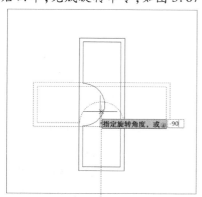

图3.66 设置旋转角度

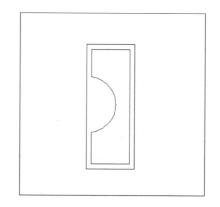

图3.67 完成旋转

▶ **3.4.5 编辑多线**

多线是线性对象中最复杂的图形对象。

执行编辑多线命令主要有以下3种方法:

①在命令行中输入"MLEDIT"或快捷命令"MLED"命令。

②在菜单栏中单击"修改(M)"→"对象(O)"→"多线(M)…"命令。

③双击多线。

执行编辑多线命令,将弹出"多线编辑工具"对话框,如图3.68所示(同第2章图2.26)。

该对话框中各编辑工具的含义如下：

　　a.十字闭合:指在两条多线之间创建闭合的十字交点。

　　b.十字打开:指在两条多线之间创建开放的十字交点。

　　c.十字合并:指在两条多线之间创建合并的十字交点。

　　d.T形闭合:指在两条多线之间创建闭合的T形交点。

　　e.T形打开:指在两条多线之间创建开放的T形交点。

　　f.T形合并:指在两条多线之间创建合并的T形交点。

　　g.角点结合:指在多线之间创建角点连接。

　　h.添加顶点:指在多线上添加多个顶点。

　　i.删除顶点:从多线上删除当前顶点。

　　j.单个剪切:分割多线,通过两个拾取点将多线中的一条线进行间断处理。

　　k.全部剪切:全部分割多线,通过两个拾取点将多线中的所有线进行间断处理。

　　l.全部结合:将被修剪的多线重新合并起来,但是不能将两个单独的多线结合在一起。

图 3.68　多线编辑工具

【例 3.14】　将图 3.69 中的多线进行编辑,完成墙线的绘制。

　　①首先根据第 2 章 2.4.3 节的内容绘制图 3.69。

　　②双击绘制完成的任一多线,"多线编辑工具"对话框(图 3.68)自动弹出;单击对话框中"角点结合"选项,进入绘图区,命令行提示"选择第一条多线:"时,单击选中左边第一条垂直多线,如图 3.70 所示,命令行提示"选择第二条多线:"时,单击选中上方水平多线,如图 3.71 所示,命令行继续提示"选择第一条多线:"时,回车,结束角点结合多线编辑,结果如图 3.72 所示。

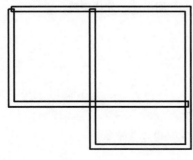

图 3.69　多线

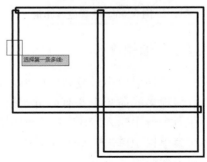

图 3.70　角点结合选择第一条多线

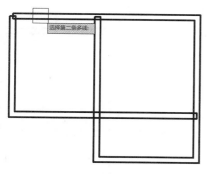

图 3.71 角点结合选择第二条多线

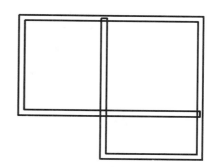

图 3.72 角点结合完成

③按空格键或回车,重复执行上一命令即编辑多线命令,弹出"多线编辑工具"对话框,如图 3.68 所示,单击选择"T 形打开"选项,进入绘图区,在命令行提示"选择第一条多线:"时,单击选择中间垂直多线,如图 3.73 所示,命令行提示"选择第二条多线:"时,单击选中上方水平多线,如图 3.74 所示,命令行继续提示"选择第一条多线:"时,选择中间水平多线,如图 3.75 所示,命令行提示"选择第二条多线:"时,选择右边垂直多线,如图 3.76 所示,回车,本图中 2 个 T 形节点完成打开操作,T 形打开完成后的图形,如图 3.77 所示。

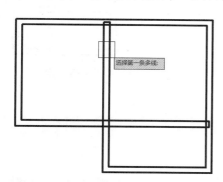

图 3.73 T 形打开选择第一条多线 1

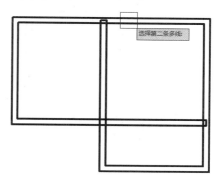

图 3.74 T 形打开选择第二条多线 1

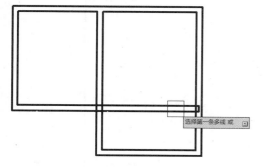

图 3.75 T 形打开选择第一条多线 2

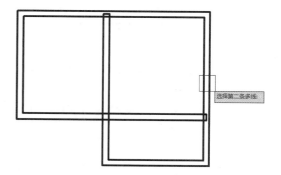

图 3.76 T 形打开选择第二条多线 2

④按空格键或回车,重复执行上一命令即编辑多线命令,弹出"多线编辑工具"对话框,如图 3.68 所示,选择"十字打开"选项,进入绘图区,在命令行提示"选择第一条多线:"时,单击选择中间垂直多线,如图 3.78 所示,命令行提示"选择第二条多线:"时,单击选择中间水平多线,如图 3.79 所示,命令行继续提示"选择第一条多线:"时,回车,完成多线编辑,十字形打开

完成之后的图形,如图 3.80 所示。

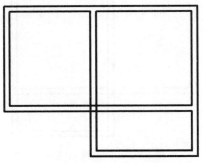

图 3.77 T 形打开完成

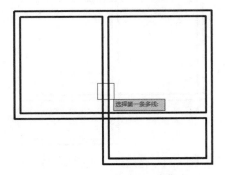

图 3.78 十字打开选择第一条多线

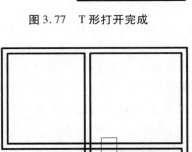

图 3.79 十字打开选择第二条多线

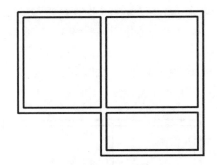

图 3.80 多线编辑完成

【练习与提高】

1.结合直线、矩形、圆弧等绘图命令以及镜像、修剪、复制、偏移等编辑命令,绘制图 3.81 中的 3 个花格。

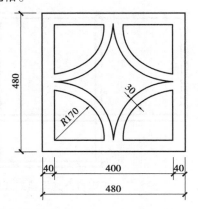

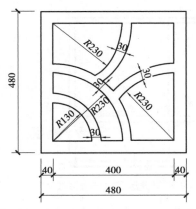

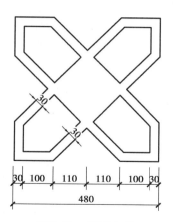

图 3.81　习题 1 图

2. 利用矩形和圆角倒角命令绘制图 3.82。

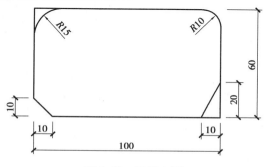

图 3.82　习题 2 图

图层和块

【内容提要】

本章的主要内容为使用不同的图层对不同的图形进行管理,并详细介绍图层的创建、图层的管理以及使用图块绘图等。

【能力要求】

- 了解图层的概念和作用;
- 掌握设置图层线型、线宽和颜色等特性的方法;
- 掌握图层的新建、删除和状态管理的方法。

4.1 图层的创建

图层是一个有效的图形管理工具,用于在图形中组织信息以及执行线型、线宽和其他标准。AutoCAD 中用户可以将类型相同或相似的对象分配在同一个图层上,并将多个图层重叠在一起,从而实现将复杂的图形数据有序地组织和管理的目标。用户可根据需要创建多个图层,并为每个图层设置相应的名称、线型、线宽以及颜色等参数,以满足绘图的需求。

▶ 4.1.1 图层的认识

在 AutoCAD 中,用户可以通过"图层特性管理器"对话框,实现图层的新建和参数设置等操作,如图 4.2 所示。打开"图层特性管理器"的方法主要有以下 3 种:

①在 AutoCAD 软件界面上部的菜单栏下方的图层工具栏(图 4.1)中,单击"图层特性管理器"中的最左侧图标缉。

②在菜单栏中单击"格式(O)"→"图层(L)…"。

图 4.1　图层工具栏

③在命令行中输入命令"LAYER"或快捷命令"LA"并回车。

图 4.2　"图层特性管理器"对话框

▶ 4.1.2　图层的创建

在 AutoCAD 中绘制一幅新图时,系统将自动生成一个名称为"0"的图层。在未创建其他图层时,用户绘制的图形对象都默认存放于 0 图层上。在绘图过程中,用户可根据需要建立新的图层(新图层在默认情况下将继承上一图层的特性,用户应根据需要进行修改)。

【例 4.1】　打开"图层特性管理器"对话框,在该对话框中创建名称为"门窗"的图层。

①在命令行中输入"LA",按回车键执行,弹出"图层特性管理器"对话框,如图 4.2 所示。

②单击左上角"新建图层"按钮 📚,创建"图层 1",如图 4.3 所示。

图 4.3　创建"图层 1"

③单击"图层 1",将"图层 1"改名为"门窗",并回车或在任意空白处单击鼠标左键确定图层名称更改成功,即建立了门窗图层(图 4.4),此时门窗图层特性与"0"图层一致。

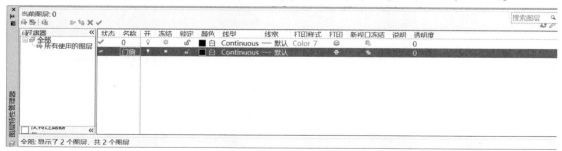

图 4.4　更改"图层 1"为"门窗"

4.1.3 图层的设置

图层的设置主要包括颜色、线型和线宽。可以通过"图层特性管理器"和使用"特性"工具栏两种方法来设置图层。

1)设置图层颜色

在用 AutoCAD 绘图时,为了便于区分图层以及不同的图形对象,经常将图层设置为不同的颜色。在 AutoCAD 2014 中,有丰富的颜色供用户选择。

【例4.2】 打开"图层特性管理器"对话框,创建"标注"图层,并对图层颜色进行更改。

①创建"标注"图层步骤,如【例4.1】。

②单击"标注"图层的颜色图标 ■白(图4.5),打开"选择颜色"对话框,如图4.6所示。

③选择"索引颜色"选项,在"索引颜色"选项中,选择"绿"选项指定该图层的颜色,单击 确定 按钮,自动返回"图层特性管理器"对话框,完成对"标注"图层颜色的设置。

2)设置图层线型

在绘制建筑工程图纸时,常采用不同的线型来绘制图形,如实线、虚线、单点长画线等。当创建好一个图层时,默认的线型是 Continuous 线型,即实线。用户可单击图层"线型"下方的名称 线型 Continuous,打开"选择线型"对话框,选择所需的线型,如果线型列表框中没有列出需要的线型,则应从线型库中加载选择所需的线型。

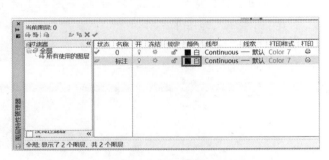

图4.5 "图层特性管理器"对话框

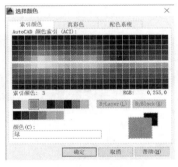

图4.6 "选择颜色"对话框

【例4.3】 在"图层特性管理器"对话框中,创建"轴线"图层,将线型设置为"CENTER"。

①打开"图层特性管理器"对话框,创建"轴线"图层。

②单击"轴线"图层的"线型"图标 Continuous (图4.7),打开"选择线型"对话框,如图4.8所示。

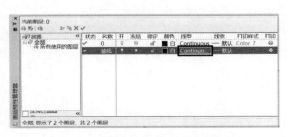

图4.7 "图层特性管理器"对话框

图4.8 "选择线型"对话框

③单击 加载(L)... 按钮,打开"加载或重载线型"对话框,如图4.9所示。

④在"可用线型"列表中,选择"CENTER"选项,如图4.10所示,单击 确定 按钮,返回"选择线型"对话框,如图4.11所示。

⑤在"已加载的线型"列表中,选择"CENTER"选项,单击 确定 按钮,返回"图层特性管理器"对话框,单击 确定 按钮,完成"轴线"图层线型的设置。

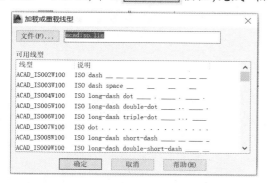

图4.9 "加载或重载线型"对话框

图4.10 选择需要的线型

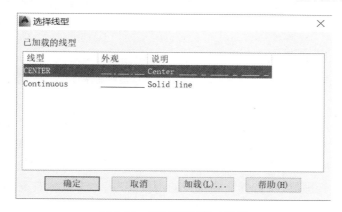

图4.11 "选择线型"对话框

3)设置图层线宽

工程图中不同的线型有不同的线宽要求。在用AutoCAD绘制工程图时,通常在对图层进行颜色和线型设置后,再对图层的线宽进行设置,以满足绘图要求。单击每个图层对应的"线宽"按钮— 默认,打开"线宽"对话框,用户可根据需要选择相应的线宽。

【例4.4】 在"图层特性管理器"对话框中,创建"墙线"图层,并将线宽设置为0.30 mm。

①打开"图层特性管理器"对话框,创建"墙线"图层。

②单击"墙线"图层的"线宽"按钮— 默认,如图4.12所示,打开"线宽"对话框,如图4.13所示。

③在"线宽"对话框的线宽列表中,选择0.30 mm选项,单击 确定 按钮,如图4.13所示,返回"图层特性管理器"对话框,单击 确定 按钮,完成对"墙线"图层线宽的设置。

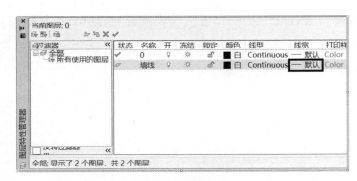

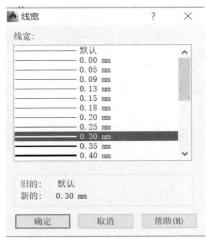

图4.12 "图层特性管理器"对话框　　　　　　图4.13 "线宽"对话框

4.2 图层的管理

▶ 4.2.1 设置当前图层

虽然 AutoCAD 允许用户建立多个图层,但只能在当前图层上绘图。每一张图形都有一个当前图层。需要注意的是,当选择了某个图形对象时,图层工具栏显示的是被选中对象的所在图层,此图层不一定为当前图层。图层工具栏显示的状态会随选择对象的变化而变化,如果没有重新设置,当前图层是不会发生改变的,因此,当需要在图纸上绘制属于其他图层内容时,应及时将所需要的图层设置为当前图层。可通过以下 3 种方法设置当前图层:

①在"图层特性管理器"中选择需要设置的当前图层,单击鼠标右键,选择"置为当前"或单击"置为当前"图标 ✔。

②选择某图层的图形对象后,单击图层工具栏中的"将当前对象图层设置为当前"图标 ,或单击此按钮后再选择一个图形,选择的是与将绘制图形处于同一图层的对象。该方法适用于图层较多、图层名不是很清楚,但图形分类比较明确的图纸。

③在图层工具栏的下拉列表中选择相应的图层名。该方法适用于图层较少且图层名比较清楚的情况,如图 4.14 所示。

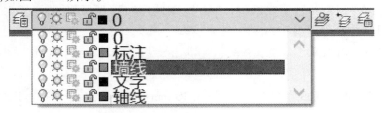

图4.14 设置当前图层

▶ 4.2.2 控制图层状态

在 AutoCAD 中,用户可以在"图层特性管理"或"图层"工具栏(图 4.15)中控制图层的开/关、冻结/解冻、锁定/解锁等状态,从而提高绘图的效果和质量。

图 4.15 "图层"工具栏

1)图层的开/关

在"图层特性管理"(图 4.12)或"图层"工具栏(图 4.15)中单击图标💡,就可以控制图层的开和关。图层默认处于开启状态,图标显示为淡黄色亮显。关闭图层,图标显示为灰色暗显。

当图层处于开启状态时,可以显示和编辑该图层中的图形;当图层处于关闭状态时,该图层中的内容不可见,不能被编辑。

2)图层的冻结/解冻

在系统中,图层默认处于解冻状态,图标显示为 ☼,黄色亮显,单击该图标,图标变为 ❄ 且颜色变为灰蓝色暗显,图层处于冻结状态。当图层被冻结后,该图层中的所有内容被隐藏,不能被编辑和打印。在绘制图形的过程中,将不需要被编辑的图形对象的图层冻结,完成绘制后,将图层解冻,被冻结的图形对象将恢复冻结前的状态。

3)图层的锁定/解锁

在系统中,图层默认处于解锁状态,图标显示为蓝色打开状态的锁 🔓,单击该图标,图标变为锁定状态的黄色的锁 🔒,图层处于锁定状态。图层被锁定后,该图层中所有的内容可见但颜色变暗,不能被编辑。在参照某些图形对象绘制新图形时,使用图层的锁定功能锁定图层,使该图层上的对象不能被编辑但仍显示在绘图区中,方便编辑其他图层上的对象。

▶ 4.2.3 删除图层

在实际工作中,有些图层在绘制过程中是不需要使用的,用户可以打开"图层特性管理器"对话框,选择需要删除的图层,单击鼠标右键选择"删除图层",或单击"删除图层"按钮❌,即可删除不需要的图层。其中,系统默认图层为"0"图层以及被图形对象使用的图层无法被删除。

▶ 4.2.4 图层的保存和输出

当绘制多个复杂图形时,如果需要创建相同或相似的图层及设置,可保存其中一幅图形的图层状态,并输出格式为".las"的文件,方便以后在其他图形文件中调用该图层,提高绘图效率。

在"图层特性管理器"(图 4.12)对话框中单击"图层状态管理器"按钮🗂,打开"图层状态管理器"对话框,如图 4.16 所示。单击"新建(N)…"按钮,可以为需要保存的图层状态命名,然后依次单击"确定""保存(V)"按钮,可以保存该图层状态。然后在此对话框中选中该

新建图层后,单击"输出(X)…"按钮,可以将文件类型为".las"的图层状态文件保存到指定的位置。

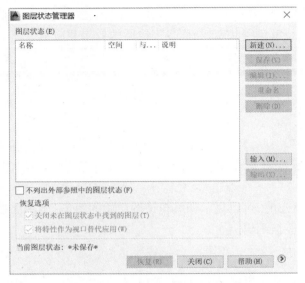

图 4.16 "图层状态管理器"对话框

▶ 4.2.5 调用图层设置

将图层设置保存为文件后,当需要在其他图形文件中创建相同或相似的图层时,直接调用该图层文件即可。调用方法如下:

①打开"图层状态管理器"对话框,单击左上角 按钮,打开"输入图层状态"对话框,如图 4.17 所示。

②单击 输入(M)… 按钮,选择相应的图层状态文件,单击 打开(O) 按钮,即可调用该图层设置。

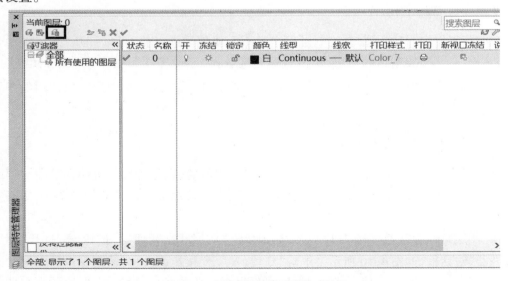

图 4.17 "图层特性管理器"对话框

4.3 使用图块绘图

在 AutoCAD 中,图块是图形对象的一个整体,如果在绘制图形中有大量相同或相似的内容,或者所绘制的图形与已有的图形内容相同,那么就可以把重复出现的图形内容创建为块,如在绘图过程中遇到的标高符号、门、窗等。绘图时可随时把需用的图块插入当前图形任意指定的位置,从而提高绘图效率。

▶ 4.3.1 创建图块

图块分为两种:一种是内部块;另一种是外部块。内部块是将块保存在当前图形中,并且只能在当前图形中通过块插入命令被引用,不能用于其他图形中;而外部块则作为独立图形文件被保存,且保存后可被所有的图形文件调用。

1)内部块

创建内部块有以下 3 种方法:

①在命名行中输入命令"Block"或快捷命令"B"并回车。

②在菜单栏中单击"绘图(D)"→"块(K)"→"创建(M)…"。

③单击绘图工具栏中的创建块图标 ⌷。

执行以上 3 种任一操作,弹出"块定义"对话框,如图 4.18 所示。

图 4.18 "块定义"对话框

在对话框中的各个选项含义如下:

①名称(N):在名称下面可自定义图块的名称,最多为 31 个字符。

②基点:为指定图块的插入点,可输入 X、Y、Z 坐标值,默认值为(0,0,0);也可单击"拾取点(K)",捕捉当前图形中的某点作为图块的插入点。

③对象:从绘图窗口选择要定义为块的图形对象。单击"选择对象(T)"按钮,选择当前图形中要定义成块的对象,选择完毕,重新显示对话框,命令行提示"已选择 X 个对象",然后

单击"确定"按钮,即可完成块的创建。

在该选项中有3个单选按钮,其中"保留"表示保留构成块的对象;"转换为块"表示将选取的图形对象转换为插入的块;"删除"表示定义块后删除当前图形中被定义成块的对象。

④方式:它可以指定块的方式,选中注释性复选框后,可选择下方的使块方向与布局匹配的复选框,对其进行操作;按统一比例缩放为插入图块时,可按统一比例对图块进行缩放;允许分解为图块插入图形后,对图块进行分解操作。

⑤说明:对所定义的图块的用途和用法进行说明。

⑥在块编辑器中打开:选中该复选框,系统将打开块编辑器,用户可对组成图块的各图形进行编辑,以改变图块所包含的对象。

2)外部块

创建外部块的操作如下:

在命名行中输入命令"Wblock"或快捷命令"WB"并回车,弹出"写块"对话框,如图4.19所示。

图4.19 "写块"对话框

在"写块"对话框中的各选项含义如下:

①源:为指定块的对象源,有块、整个图形和对象3种,其中,块为已经创建好的内部块,若要以它为外部块的源对象则直接在下拉菜单中选取即可;整个图形(E)为当前AutoCAD界面中的所有图形为一个对象;对象包括基点和对象两个子项,基点为指定图块的插入点,可指定X,Y,Z坐标值,默认值为(0,0,0),也可单击"拾取点(K)",捕捉当前图形中要插入的点。对象则为从绘图窗口选择要定义为块的图形对象。

②选择对象(T):单击其前方的图标,选择当前图形中要定义成块的对象,选择完毕,重新显示对话框,命令行提示"已选择X个对象",然后单击"确定"按钮,即可完成块的创建。

③目标:主要是命名目标文件和指定文件的保存路径,指定"外部块"存储在硬盘上的位置。然后单击"确定"按钮,即可完成外部块的创建。

▶ 4.3.2 插入图块

在当前图形中可以插入内部块和外部块,并可根据需要调整其比例和转角。插入块主要有以下3种方法:

①在命令行中输入命令"INSERT"或快捷命令"I"并回车。

②在菜单栏中单击:"插入(I)"→"块"。

③在绘图工具栏中单击插入块图标 🖫。

执行上述任一操作,弹出"插入"对话框,如图4.20所示,在该对话框中的各选项含义如下:

①名称:选择要插入块的名称。若要选择"外部块",单击"浏览(B)…"按钮,在弹出的"选择文件"对话框中选择所需的图形文件。

②插入点:指定块插入点坐标,可在屏幕上直接指定,也可通过坐标输入。

③缩放比例:设置块插入的比例。输入小于1的比例因子将缩小图块,大于1则放大图块。比例因子可取正值或负值,若为负值,则插入块的镜像图。若选择"缩放比例"区中"统一比例"复选框,表示在X,Y,Z方向采用相同的缩放比例。

④旋转:设置块插入的旋转角度。逆时针为正值,顺时针为负值。

⑤分解:选中表示插入图块时将块分解成一个个单一的对象,而不再是整体的块对象。选定"分解"时,只可指定统一的比例因子。

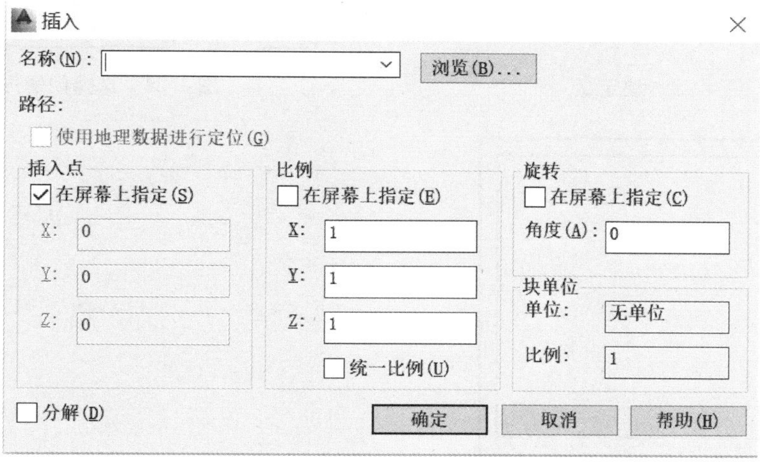

图4.20 "插入"对话框

【例4.5】 将图4.21图形文件中的门创建为块,随后将块插入图4.22中门的位置。

①创建块:在命令行中输入"B"命令并回车,弹出"块定义"对话框。

②在"块定义"对话框中,对块的名称进行命名,命名为门。

③"基点"子项勾选"在屏幕上指定",如图4.23所示,单击"选择对象",将门全部选中,选中后呈现虚线,如图4.24所示,然后回车,自动返回"块定义"对话框,单击"确定"按钮,命令行提示"指定插入基点:"时,用十字光标单击所需的点,如图4.25所示,即可完成块定义。

④插入块:在命令行中输入命令"I"并回车,弹出"插入块"对话框,如图4.26所示。在"名称(N):"右侧下拉列表中选择"门"对象,勾选"在屏幕上指定(S)",设置插入块的比例为1,旋转角度为0,然后单击"确定"按钮,在屏幕上会弹出指定插入点,将插入点对准左边墙线

的中点,然后单击鼠标左键,以确定插入点,即完成门的插入。

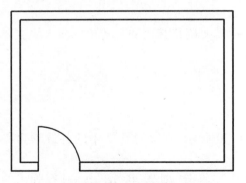

图 4.21　使用块命令插入门图形

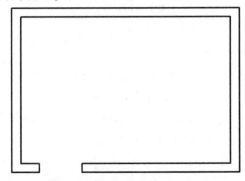

图 4.22　墙线

图 4.23　块定义

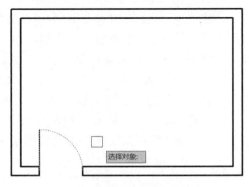

图 4.24　选择门图形对象

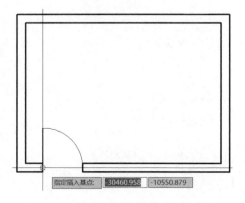

图 4.25　指定基点

图 4.26　插入块

【练习与提高】

1.创建一个有轴线、标注、墙线、文字、台盆、坐便器、门窗等图层的图层状态,并设置各图层的颜色、线型、线宽等特性,将其以"建筑设计"命名保存为".las"文件,各图层特性为:轴线-红色,细点画线;标注-绿色,细实线;墙线-橙色,粗实线;文字-绿色,细实线;门窗-蓝色,细实线;其他-黑白,细实线。

2. 调用第 1 题所设置的图层,利用图层状态功能,绘制如图 4.27 所示的图形(图 4.27,本图为彩色,黑白打印所以未显示)。

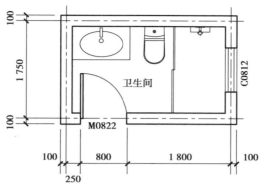

图 4.27　图层练习

3. 将图 4.28 中的餐椅图形创建为块,作为块插到桌子四周,效果如图 4.29 所示。

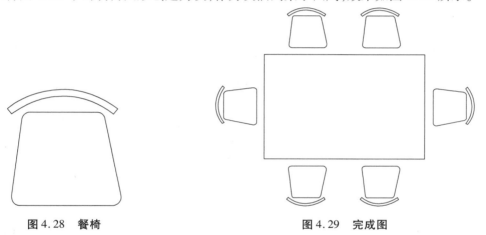

图 4.28　餐椅　　　　　　　　　　图 4.29　完成图

5

文字和表格

【内容提要】

一幅完整的工程图样,不仅需要绘制出图形,还需要加注一些必要的文字和尺寸标注。本章详细介绍 AutoCAD 中文字和表格的编辑技巧,重点介绍创建文字样式、创建单行文字和多行文字、创建表格等内容。

【能力要求】

- 熟练掌握文字和表格的编辑技巧;
- 灵活应用文字和表格的编辑功能。

5.1 文字样式的设置

在输入文字前,首先要设置文字样式,比如字体、字高、宽度比例、倾斜比例和倾斜角度等。

▶ 5.1.1 创建文字样式

设置"文字样式"主要有以下 3 种方法:

①在命令行中输入命令"STYLE"或快捷命令"ST"并回车。

②单击菜单栏中的"格式(O)"→"文字样式(S)...",如图 5.1 所示。

③在样式工具栏中单击"文字样式管理器图标" ![图标] ,即如图 5.2 所示的工具栏第一个图标。

执行上述任一操作后,系统弹出"文字样式"对话框,如图 5.3 所示。

单击"文字样式"对话框右侧的 新建(N)... 按钮,弹出"新建文字样式"对话框,在"样式

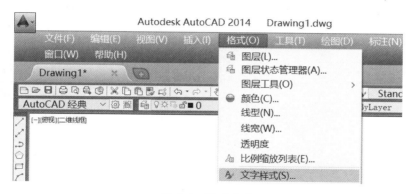

图 5.1 菜单启动

图 5.2 启动"样式工具栏"

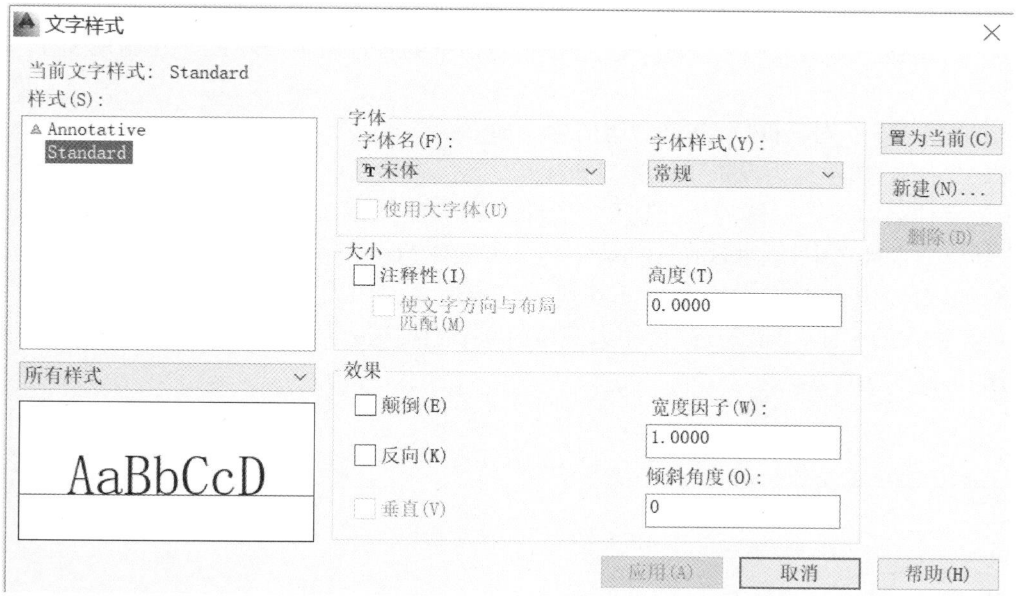

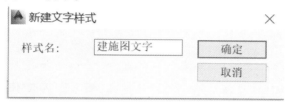

图 5.3 "文字样式"对话框

名:"后方的方框内填下自定义的样式名,此处以填写"建施图文字"为例,如图 5.4 所示,然后单击"确定"按钮,回到"文字样式"对话框,此时,在该对话框中左上角"样式(S):"下方框中出现"建施图文字",如图 5.5 所示。

![新建文字样式对话框](样式名：建施图文字　确定　取消)

图 5.4 "新建文字样式"对话框

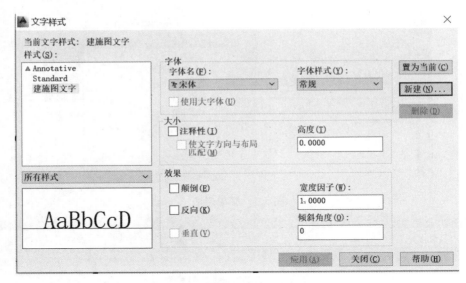

图5.5 新建"建施图文字"样式

选中"建施图文字",然后修改"文字样式"对话框的各选项组,即可对"建施图文字"样式进行定义。

在"文字样式"对话框中,各选项组的含义如下:

(1)"字体"选项组为设置字体类型和样式

①"字体名(F):"下拉列表:选择文字样式的字体类型。在默认情况下,"使用大字体(U)"复选框未被选中,既可选择".shx"字体又可选择"TrueType"字体(名称前有"T"标志的字体),如宋体、仿宋体等字体,如图5.6所示。若需要使用大字体,则应先在下拉列表中选中".shx"格式的字体,方能勾选"使用大字体(U)",当勾选大字体后,则只能选择".shx"格式的字体,如图5.7所示。

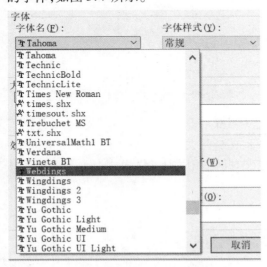

图5.6 选择"TrueType"字体   图5.7 勾选"使用大字体(U)"

②字体样式(Y):下拉列表可设置是否使用粗体。

③当勾选"使用大字体(U)"后,"字体样式(Y):"下拉列表变为"大字体(B):"下拉列表

（图5.7），可选择为亚洲语言设计的大字体文件，例如，gbcbig.txt 代表简体中文字体，chineseset.txt 代表繁体中文字体，bigfont.txt 代表日文字体等。

（2）"大小"选项组

①注释性（I）复选框：如果选中该复选框，表示文字支持使用注释比例，此时"高度"编辑框将变为"图纸文字高度（T）"编辑框，如图5.8所示。

图5.8　"注释性"复选框

②"高度（T）"编辑框：设置文字样式的默认高度，其缺省值为0。如果该数值为0，则在创建单行文字时，必须设置文字高度。

（3）"效果"选项组

"效果"选项组可设置文字样式的外观效果，各效果如图5.9所示。

①□ 颠倒（E）：颠倒显示字符，也就是人们常说的"大头向下"，如图5.9（b）所示。

②□ 反向（K）：反向显示字符，勾选后，如图5.9（c）所示。

③□ 垂直（V）：字体垂直书写，该选项只有在选择".shx"字体时才可使用。

④ 宽度因子（W）：在不改变字符高度的情况下，控制字符的宽度。宽度比例小于1，字体变窄；宽度比例大于1，字体变宽，如图5.9（d）所示。

⑤ 倾斜角度（O）：控制文字的倾斜角度，用来制作斜体字。

设置文字倾斜角 a 的取值范围是：$-85° \leqslant a \leqslant 85°$；反向效果和颠倒效果不适合多行文字，仅适合单行文字。

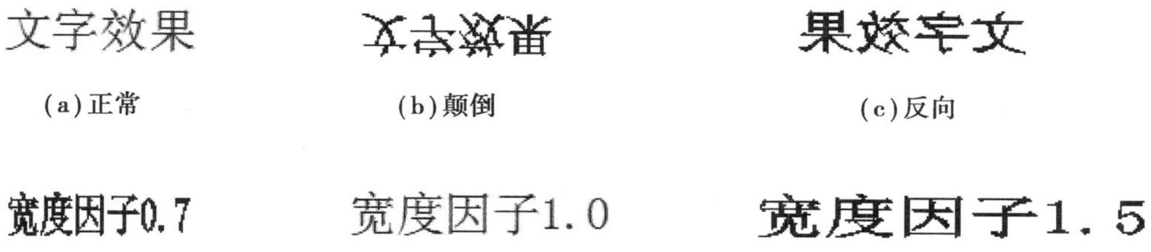

文字效果　　　　　文字效果　　　　果效字文

　（a）正常　　　　　　（b）颠倒　　　　　　（c）反向

宽度因子0.7　　宽度因子1.0　　宽度因子1.5

（d）不同宽度因子

图5.9　各种文字的效果

（4）"预览"显示区

随着字体的改变和效果的修改，"预览"显示区动态显示文字样式，如图5.10左下角所示为勾选了颠倒后的效果图。

（5）"按钮区"选项组

"按钮区"选项组用来对文字样式进行最基本的管理操作，如图5.11用黑框框住的右上角和右下角所示。

① 置为当前（C）：将在"样式"列表中选择的文字样式设置为当前文字样式。

② 新建（N）…：用来创建新文字样式。

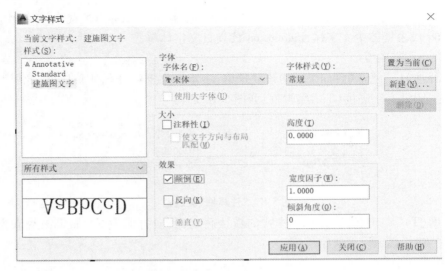

图 5.10 勾选颠倒后的"预览"显示

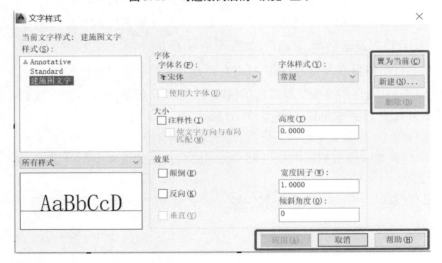

图 5.11 "按钮区"选项组

③ 删除(D) :该按钮是用来删除在"样式"列表区选择的文字样式,但不能删除当前文字样式和已经用于图形中文字的文字样式。

④ 应用(A) :在修改了文字样式的某些参数后,单击"应用"按钮,可使修改生效。同时,所选文字样式被设置为当前文字样式。

▶ 5.1.2 选择文字样式

图形文件中输入文字时采用的文字样式为当前文字样式。将某一个文字样式设置为当前文字样式有以下两种方法:

1)使用"文字样式"对话框

按照 5.1.1 节的 3 种方法打开"文字样式"对话框,选择要使用的文字样式,如选择"建施图文字",如图 5.12 左侧所示,然后单击"置为当前(C)"→"关闭 C"即可。

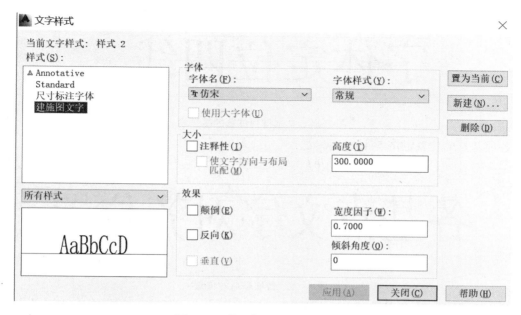

图 5.12　使用"文字样式"对话框

2)使用"样式"工具栏

在"样式"工具栏中的"文字样式管理器"选项的下拉列表中选择需要的文字样式即可,如图 5.13 所示。

图 5.13　使用"样式"工具栏

5.2　单行文字

对不需要使用多种字体的简短内容,可使用单行文字。每次输入的单行文字为独立的对象,读者可对其进行重新定位、调整格式或其他修改。

▶　5.2.1　创建单行文字

调用单行文字命令主要有以下两种方法:

①在命令行中输入命令"TEXT"或"DTEXT"或快捷命令"DT"并回车。

②在菜单栏中单击"绘图(D)"→"文字(X)"→"单行文字(S)"。

执行上述任一操作后,命令行提示的各选项含义如下:

①TEXT 指定文字的起点:该选项为默认选项,输入或在绘图区域单击以确定注写文字的起点位置。

②对正(J):该选项用于确定文本的对齐方式。在 AutoCAD 系统中,确定文本位置采用 4

条线,即顶线、中线、基线和底线,如图 5.14 所示。

顶线
中线
基线
底线

图 5.14 文本排列位置的基准线

各项基点的位置如图 5.15 所示。

中上 中间 正中
左上
左中
左下
右上
右中
右
右下
中心 中下

图 5.15 各项基点的位置

如图 5.16 所示,点 A、点 B、点 C 位于同一条水平线上,分别以点 A、点 B、点 C 为单行文字输入的起点,采用不同的对正方式得到的输出效果。

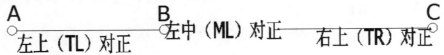

图 5.16 不同的对正方式

▶ 5.2.2 输入特殊字符

在单行文字中,特殊符号(如直径符号 ϕ、文字的下画线等符号)无法由键盘输入,可在输入文字时输入相应符号的代码,每个代码是由%%和一个字符组成的,如%%C、%%D。表 5.1 列出了常用的特殊字符的代码。

表 5.1 特殊字符的代码

输入代码	对应字符	输入效果
%%O	上画线	文字说明
%%U	下画线	文字说明
%%D	度数符号"°"	90°
%%P	公差符号"±"	±100
%%C	圆直径标注符号"ϕ"	80
\U+2220	角度符号"∠"	∠A
\U+2248	几乎相等"≈"	X≈A
\U+2260	不相等"≠"	A≠B
\U+00B2	上标 2	X^2
\U+2082	下标 2	X_2

【例5.1】 采用文字样式"封面字体",以 A 点为起点、左下对正,输入如图 5.17 所示的单行文字。

坡度为15°

图 5.17 文字输入练习

5.3 多行文字

当需要输入的文字内容较长、较复杂时,需要使用多行文字。多行文字又称为段落文字,它是由任意数目的文字行或段落所组成的。与单行文字相比,多行文字具有更多的编辑选项,如加粗文字、增加下画线、改变字体颜色等。

▶ 5.3.1 创建多行文字

调用"多行文字"命令主要有以下 3 种方法:
①在命令行中输入命令"MTEXT"或快捷命令"T"或"MT"并回车。
②在菜单栏中单击"绘图(D)"→"文字(X)"→"多行文字(M)…"。
③在绘图工具栏中单击多行文字图标 **A**。

执行上述任一操作后,命令行提示"MTEXT 指定第一角点:"时,在绘图区域单击书写文字的地方;命令行提示"MTEXT 指定对角点"时,移动鼠标形成适当大小矩形框时再单击;弹出"在位文字编辑器"对话框,包括"文字输入框"和"文字格式"工具栏两个部分(图 5.18);在"文字输入框"中输入文字,输入完成后单击"确定"按钮,如图 5.19 所示。

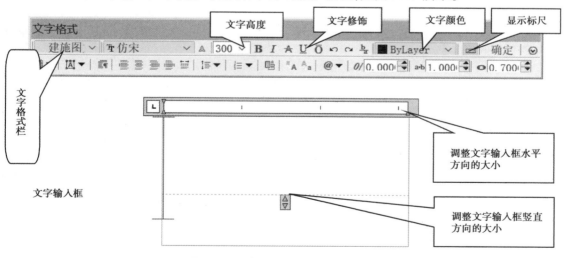

图 5.18 "在位文字编辑器"对话框

▶ 5.3.2 文字格式工具栏

在 5.3.1 节中提到的文字格式工具栏有两个作用:一是设置新文字的格式;二是修改选定文字的格式。将鼠标悬停在文字格式工具栏的图标或按钮上,就会显示该格式的作用。部

输入多行文字
回车后可进入第二行输入

(a)输入文字

输入多行文字
回车后可进入第二行输入

(b)单击确定后的图形文字显示

图5.19 输入多行文字

分参数的意义如下：

①"放弃"图标↺与"重做"图标↻:用于放弃和重做操作。

②"堆叠"图标$\frac{b}{a}$:用于创建堆叠文字。堆叠字符包括插入符"^"、正向斜杠"/"和磅符号"#"等,堆叠字符左侧的文字将堆叠在字符右侧的文字之上,如图5.20所示。如果选定堆叠文字,单击"堆叠"按钮$\frac{b}{a}$,则取消堆叠。

输入: $3/4$ $0\#0$ $CO\^2$ $x2\^$

逐个单击"$\frac{b}{a}$"后: $\frac{3}{4}$ $\%$ CO_2 x^2

图5.20 堆叠文字

③"插入字段"图标 🖳:单击"插入字段"按钮,弹出"字段"对话框,如图5.21所示。从图中可以选择要插入文字中的字段。关闭该对话框后,字段的当前值会显示在文字中。

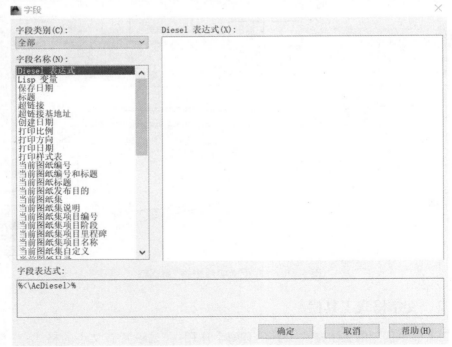

图5.21 "字段"对话框

④"符号"图标 @▼：用于在光标位置插入符号或不间断空格，单击 @▼，弹出如图5.22所示"字符"对话框，可根据需要选择相应符号，还可单击最下面的"其他(O)…"选项，选择其他符号。

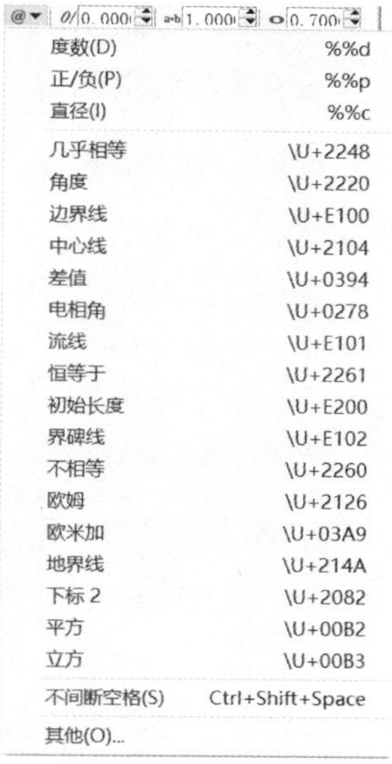

@▼ ∅ 0.000 ↕ a·b 1.000 ↕ ◑ 0.700 ↕
度数(D)　　　　　　　%%d
正/负(P)　　　　　　%%p
直径(I)　　　　　　　%%c
几乎相等　　　　　　\U+2248
角度　　　　　　　　\U+2220
边界线　　　　　　　\U+E100
中心线　　　　　　　\U+2104
差值　　　　　　　　\U+0394
电相角　　　　　　　\U+0278
流线　　　　　　　　\U+E101
恒等于　　　　　　　\U+2261
初始长度　　　　　　\U+E200
界碑线　　　　　　　\U+E102
不相等　　　　　　　\U+2260
欧姆　　　　　　　　\U+2126
欧米加　　　　　　　\U+03A9
地界线　　　　　　　\U+214A
下标 2　　　　　　　\U+2082
平方　　　　　　　　\U+00B2
立方　　　　　　　　\U+00B3
不间断空格(S)　　Ctrl+Shift+Space
其他(O)…

图 5.22　"字符"对话框

⑤"追踪"列表框 a·b 1.000 ↕：用于增大或减小选定字符之间的间隙，默认值为1.0，设置值大于1.0可以增大该间隙；反之，则减小该间隙。

⑥"宽度因子"列表框 ◑ 0.700 ↕：用于扩展或收缩选定字符，同前。

5.4　文字修改

无论是单行文字还是多行文字，均可直接通过双击文字来编辑，此时实际上是执行了命令"DDEDIT"或快捷命令"DDE"，该命令的特点如下：

①编辑已经输入的单行文字时，默认文字全部被选中，因此，修改文本内容时，必须先在文本框中单击，否则会替换文本原全部内容，如图5.23所示。如果希望退出单行文字编辑状态，可在其他位置单击鼠标左键或按回车键；希望结束编辑命令，可在退出文字编辑状态后再按一次回车键。

默认全部被选中　　默认全部被选中（单击后）

图 5.23　编辑单行文字

②如果要修改单行文字的特性，则选中单行文字后单击菜单栏下方工具栏中的"对象特性"图标▤或者使用快捷键：在键盘上同时按"Ctrl"和"1"，此时出现所选中对象的"特性"对话框（图5.24），可在对话框中修改所选对象的特性。

图 5.24 "特性"对话框

③编辑多行文字时,双击文字将打开"文字格式"工具栏和文本框,与输入多行文字完全相同。

5.5 文字查找检查

在 AutoCAD 中,用户可以快速查找、替换指定的文字,并对其进行拼写检查。

▶ 5.5.1 文字查找、替换

启用"查找"命令,主要有以下 3 种方法:
①输入命令"FIND"或快捷命令"FIN"并回车。
②在菜单栏中单击"编辑(E)"→"查找(F)…"。
③单击鼠标右键,从光标菜单中单击"查找(O)…"选项。

执行上述任一操作后,系统弹出"查找和替换"对话框,如图 5.25 所示。在该对话框中,用户可以进行文字查找、替换、修改、选择等操作。

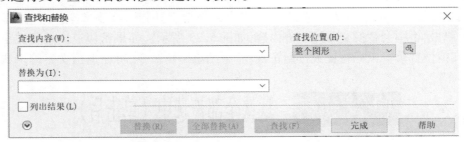

图 5.25 "查找和替换"对话框

▶ 5.5.2 文字拼写检查

在 AutoCAD 中,用户可以对当前图形的所有文字进行拼写检查,以便查找文字的错误,为此系统提供"拼写检查"命令。

在选中文字后,启用"拼写检查"命令有以下两种方法:

①输入命令"SPELL"或快捷命令"SP"并回车。

②在菜单栏中单击"工具(T)"→"拼写检查(E)"。

5.6　表格

利用 AutoCAD 的表格功能,可以方便、快速地绘制图纸所需的表格,如明细表、标题栏等。

在绘制表格前,用户需要设置表格样式。表格样式包含表格单元的填充颜色、内容的对齐方式、数据格式、表格文本的文字格式以及表格边框等内容。

(1)启用"表格样式"对话框

启用"表格样式"对话框主要有以下 3 种方法:

①输入命令"TABLESTYLE"或快捷命令"TS"并回车。

②在菜单栏中单击"格式(O)"→"表格样式(B)..."。

③单击菜单栏下方"样式"工具栏中的"表格样式管理器"图标 。

执行上述任一操作后,系统弹出"表格样式"对话框,如图 5.26 所示。

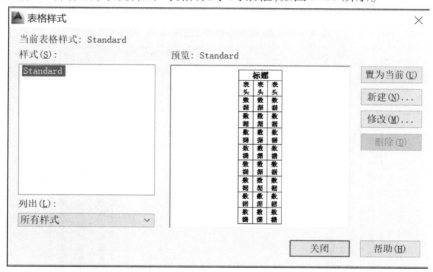

图 5.26　"表格样式"对话框

(2)设置表格样式

单击"表格样式"对话框(图 5.26)右侧的"新建(N)..."或"修改(M)...",弹出"创建新的表格样式"对话框,对新的样式名进行命名后(命名以图中表格为例),单击"继续"按钮,弹出"新建表格样式:图中表格"对话框,如图 5.27 所示。该对话框中各选项的含义如下:

①表格方向:指数据在上端或下端,如图 5.28 所示。

②单元样式下拉列表:有数据、标题、表头 3 类,选中不同分类,分别对其样式进行设置。

③"常规"对应表格填充颜色、对齐方式、格式(数据类型)、标签的设置;"文字"对应表格内文字样式、文字高度、文字颜色和文字角度的设置;"边框"对应表格边框线宽、边框线型、边

框颜色以及边框双线的相关设置。

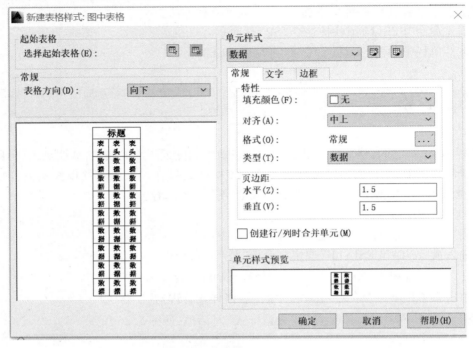

图 5.27　"新建表格样式:图中表格"对话框

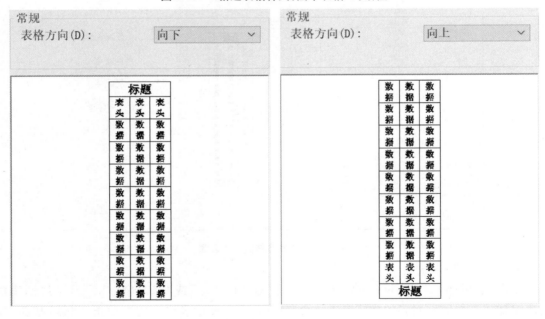

图 5.28　表格方向

【例 5.2】　绘制如图 5.29 所示的表格,该表格有标题栏无表头,8 行 5 列,行高 1 行、列宽 25 mm;标题内容黑体、字高 7 mm、正中对齐,数据内容宋体、字高 5 mm、正中对齐。

成绩统计				
姓名	CAD	高数	力学	体育
战果	98	95	97	98
林洛	94	92	90	99
王一	100	98	98	99
谭玥	98	97	99	99
刘洋	95	92	98	96
平均	97.0	94.8	96.4	98.2

图 5.29　示例表格

绘制过程如下：

①设置示例表格的表格样式。单击菜单栏下方的"样式"工具栏中的"表格样式管理器"图标 ⊞ → 新建(N)... → 弹出"创建新的表格样式"对话框,对新的样式名进行命名后,单击"继续"按钮,完成下面的设置：

a. 表格方向：向下。

b. 标题单元的设置。选择"单元样式"下拉表中"标题"→选择"常规"中的"对齐"下拉表中的"正中"→"文字"中的"文字样式(S)",单击右端的 ... ,弹出"文字样式"对话框,新建一个名称为"标题"的文字样式,完成"黑体、高度 7 mm"的设置(图 5.30),单击应用后关闭;设置结果如图 5.31 所示。

c. 数据单元的设置。选择"单元样式"下拉表中的"数据"→选择"基本"中的"对齐"下拉表中的"正中"→"文字"中的"文字样式(S)",单击右端的 ... ,弹出"文字样式"对话框,新建一个名称为"数据"的文字样式,完成"宋体、高度 5 mm"的设置。

图 5.30　标题单元文字设置

图 5.31　标题单元的设置效果

②创建表格。创建表格时,可选择表格的表格样式,表格列数、列宽、行数、行高等。创建结束后系统自动进入表格内容编辑状态。

创建表格的方法有以下 3 种：

a. 输入命令"TABLE"并回车。

b. 单击菜单栏中"绘图(D)"→"表格..."。

c.在绘图工具栏中单击表格图标▦。

执行上述任一操纵,弹出"插入表格"对话框,在"表格样式"中选择之前所设置的表格样式名称;然后设置行列:在"列和行设置"区设置表格列数5、列宽25,数据行数6、行高1行;在"设置单元样式"区打开"第二行单元样式"下拉列表选择"数据",第一行和第二行为标题和表头,不算在数据行中,所以表格8行,只需输入6行,如图5.32所示。

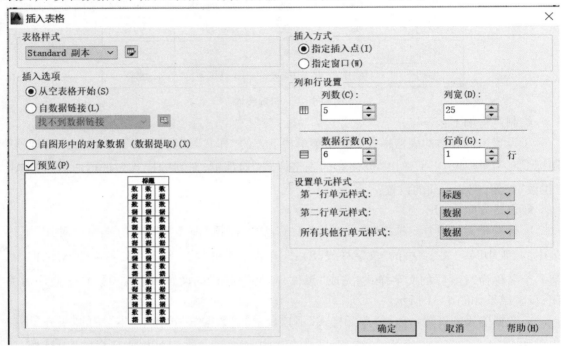

图5.32 设置表格参数

③插入表格:单击"确定"按钮,在表格放置位置单击,表格已成功插入,此时系统自动进入表格内容编辑状态,如图5.33所示。如果表格尺寸较小,无法看到编辑效果时,可先在表格外空白区域单击,暂时退出表格内容编辑状态,然后放大表格显示即可。

图5.33 插入表格后的效果

④编辑表格内容:在相应表格位置,通过双击进入编辑状态,输入"姓名"等文本内容,或通过"Tab"和"Enter"在各表单元之间切换,或通过"↑""↓""←""→"键在各表单元之间切

换,为表格的其他单元输入内容,完成表格内容的编辑,如图 5.34 所示。

⑤退出表格编辑状态:在表格外单击或按"Esc"键。

各科成绩统计				
姓名	CAD	制图	力学	测量
明天	97	96	95	99
刘铭	96	94	91	98
伍云	96	98	97	99
姜帝	99	98	96	99
王惠	97	95	99	97
平均				

图 5.34　表格内容编辑完成的效果

⑥在表格中使用公式。通过在表格中插入公式,可以对表格单元执行求和、均值等各种运算。示例表格中使用均值公式计算表中各科目分数的平均值。

a.单击选中表单元 B8→在表格工具栏中单击公式下拉列表图标 f_x ▼→选择"均值",如图 5.35 所示。

b.命令行提示"选择表格单元范围内的第一个角点:",单击拖动鼠标选中 B3 ~ B7 单元,按"Enter"键或单击表格外任意点。依据类似方法,完成其他表单元的均值计算,也可选中单击已经计算好的表格 B8 单元的右下角并拖动鼠标(图 5.37)进行自动计算其余表。结果如图 5.36 所示。

图 5.35　选择"均值"公式

各科成绩统计				
姓名	CAD	制图	力学	测量
明天	97	96	95	99
刘铭	96	94	91	98
伍云	96	98	97	99
姜帝	99	98	96	99
王惠	97	95	99	97
平均	97.000 000	96.200 000	95.600 000	98.400 000

图 5.36　表格的计算结果

c.调整计算精度:这样得到的计算结果是精确到 0.000 000 位,而表格要求是精确到小数点后一位 0.0,因此还需调整数据的精度。具体操作步骤如下:选中有数据的单元→单击鼠标右键→单击"数据格式…"则出现"表格单元格式"对话框;在此对话框中"格式(F):"下拉列表中选择"小数","精度"下拉表中选择"0.0",如图 5.38 所示。然后单击"确定"按钮,结果如图 5.29 所示。

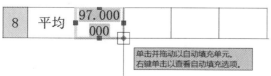

图 5.37　自动按选中单元公式填充单元格

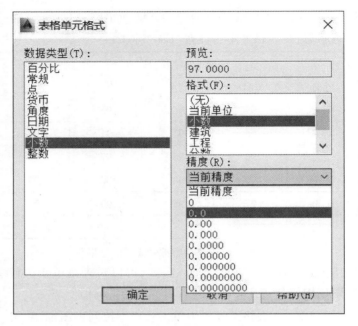

图5.38　重新确定数据的精度

5.7　编辑表格

在 AutoCAD 中,用户可以编辑表格内容、合并表单元,以及调整表单元的行高与列宽等。

▶ 5.7.1　选择表格与表单元

①选择整个表格主要有以下两种方法:

a. 直接单击表格框线。

b. 利用选择窗口选择整个表格。

表格被选中后,表格框线将显示为断续线,并显示了一组夹点,如图5.39所示。

	A	B	C	D	E
1	各科成绩统计				
2	姓名	CAD	制图	力学	测量
3	明天	98	95	97	98
4	刘铭	94	92	90	99
5	伍云	100	98	98	99
6	姜帝	98	97	99	99
7	王惠	95	92	98	96
8	平均	97.0	94.8	96.4	98.2

图5.39　选择整个表格后的效果

②选择一个表单元,直接单击该表单元即可,选中后表单元边框呈黄色。

③选择表单元区域主要有以下两种方法:

a.按住鼠标左键并拖动鼠标进行选择,如图 5.40(a)所示。

b.单击表区域左上角表单元后,按住"Shift"键,再单击表区域右下角的表单元,如单击表单元 B3"98"后,按住"Shift"键,再单击表单元 B7"95",则可选中相同的表单元区域,选中后的效果如图 5.40(b)所示。

(a)

(b)

图 5.40 选择表单元区域

④取消表单元选择状态:按"Esc"键,或者直接在表格外单击。

▶ 5.7.2 编辑表格内容

编辑表格内容只需鼠标双击表单元进入文字编辑状态即可。删除表单元中的内容,可先选中表单元,然后按"Delete"键或退格键。

▶ 5.7.3 调整表格的行高与列宽

1)定性调整表格的行高与列宽

①调整部分行或部分列表单元的行高或列宽:选中表单元或表单元区域后,通过拖动不同夹点可调整表单元的行高与列宽,夹点的功能如图 5.41 所示。

②调整表格的位置、整体的行高或列宽:选中整个表格,通过拖动不同夹点可调整表格的行高与列宽,夹点的功能如图 5.42 所示。

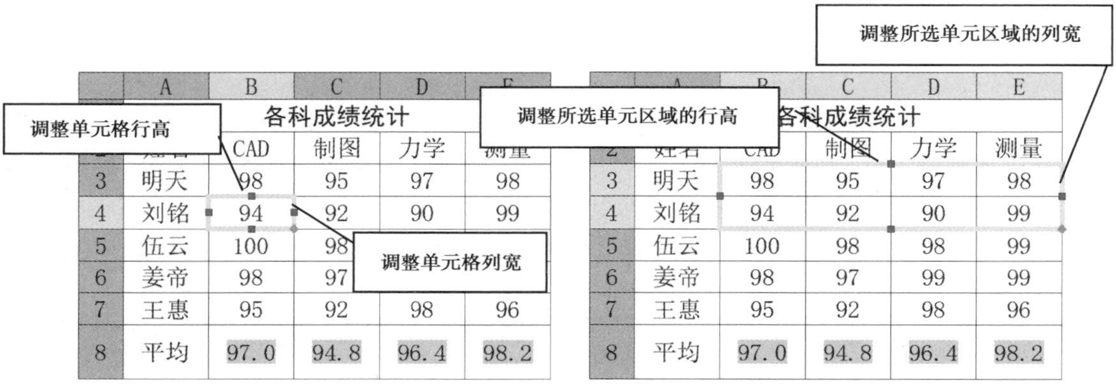

图 5.41 调整表格局部的行高与列宽

2)定量调整表格的行高与列宽

选中整个表格、表单元或表单元区域,单击右键选择"特性",则在左端弹出"特性"工具栏,输入单元宽度和单元高度的数值即可,如图 5.43 所示。

在特性工具栏中若单元高度不能输入小的数值,例如,不能输入数字"7",则先减小表格中文字的高度,将其降到 3 mm 以下后,再调整单元高度,即单元格的高度不能小于文字高度。

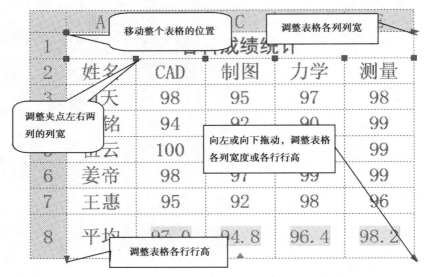

图 5.42 调整表格整体的行高与列宽

图 5.43 输入行高与列宽的数值

► 5.7.4 编辑表格

利用"表格"工具栏可对表格进行插入或删除行或列,以及合并单元、取消单元合并、调整单元边框等编辑,选中整个表格、表单元或表单元区域时,自动弹出"表格"工具栏,如图 5.44 所示,将鼠标静置于"表格"工具栏各图标上,则会自动显示各图标功能,从左至右各图标功能依次为:在上方插入行、在下方插入行、删除行、在左侧插入列、在右侧插入列、删除列、合并单元格、取消合并单元格、背景填充、单元边框、对齐等。

图 5.44 "表格"工具栏

【练习与提高】

1. 采用 standard 文字样式,行距2x,宽度因子1.0,输入如图5.45所示的多行文字。

练习堆叠按钮:

利用堆叠按钮,输入公式$a^2+b^2=c^2$

图5.45 多行文字输入练习

2. 用绘制表格的方式,绘制如图5.46所示的表格。

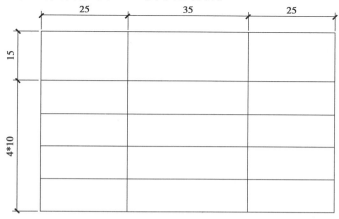

图5.46 绘制表格

3. 用绘制表格的方式,在图5.46的基础上,完成如图5.47所示的表格。

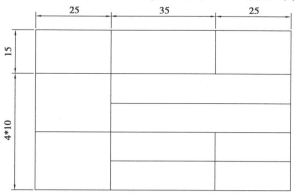

图5.47 编辑表格

4. 用绘制表格的方式, 绘制如图 5.48 所示的标题栏。

				比例		材料	
				1:1			
制图			轴			数量	
设计							
描图							
审核							

图 5.48   综合练习题

6

尺寸标注

【内容提要】

本章的主要内容包括标注样式的创建及设置,以及使用线性、对齐、半径、直径、连续/基线标注等命令对图形进行尺寸标注的方法。

【能力要求】

- 了解建筑施工图标注的基本知识;
- 掌握标注样式的创建和设置方法;
- 掌握不同尺寸标注的使用方法。

6.1 标注样式

在建筑制图中,需要对建筑物进行尺寸标注,国家建筑施工图规范对尺寸标注有严格的要求。

▶ 6.1.1 建筑标注规定

在建筑施工图绘制中,常用的尺寸标注规定如下:

①图形中的尺寸如果以毫米为单位,则不需要标注计量单位。如果以厘米、分米为单位,则需要在附注说明计量单位。

②尺寸数字一般写在尺寸线的上方或者左方或者尺寸线的中断处,且尺寸数字的字高应相同。

③如果有多处相同的图形需要标注,则只标注在最能反映其形状特征的图形处即可。

④图形的大小是以实际尺寸标注为准,与软件中的图形大小无关。

⑤绘图标注文字中的字体应按照国家标准,汉字使用仿宋体,数字使用阿拉伯数字或罗

马数字,字母使用希腊字母或拉丁字母。

▶ 6.1.2 标注样式的创建

在对图形进行尺寸标注前,需先设置标注样式。AutoCAD 主要有以下 3 种方法创建新的尺寸标注样式:

①在命令行中输入命令"DIMSTYLE"或快捷命令"D"并回车。

②单击菜单栏中的"格式(O)"→"标注样式(D)…"。

③单击菜单栏下方的"样式"工具栏中标注样式图标 ⬚。

在执行上述任一操作后,系统将打开"标注样式管理器"对话框,如图 6.1 所示。

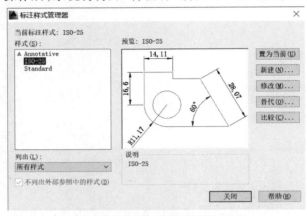

图6.1　"标注样式管理器"对话框

【例6.1】　创建名为"建筑标注"的标注样式,并置为当前。

①输入"D"命令,回车,弹出"标注样式管理器"对话框,如图 6.1 所示。

②单击右侧"新建(N)…",打开"创建新标注样式对话框",在"新样式名(N):"下方空格处输入"建筑标注",如图 6.2 所示。

③单击"继续",打开"新建标注样式:建筑标注"对话框,如图 6.3 所示。

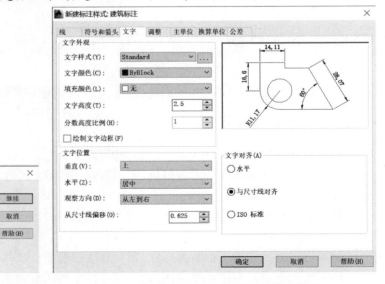

图6.2　"创建新标注样式"对话框　　　　**图6.3　"新建标注样式:建筑标注"对话框**

④在"新建标注样式:建筑标注"对话框的"线""符号和箭头""文字""调整"等选项中对标注样式进行设置,完成后单击"确定",返回"标注样式管理器"对话框,如图6.4所示。

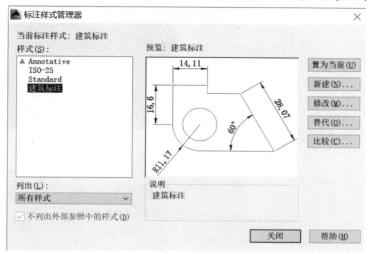

图6.4 "标注样式管理器"对话框

⑤在"样式(S)"列表中选择"建筑标注"标注样式,单击"置为当前(U)",将"建筑标注"标注样式设置为当前标注样式,单击"关闭"按钮,完成对"建筑标注"标注样式的创建。

▶ 6.1.3 标注样式的修改

当需要一个新的标注样式时,除了在"标注样式管理器"对话框中创建新标注样式外,还可在"标注样式管理器"对话框的"样式"列表中对现有的标注样式进行修改。修改标注样式,主要是对"线""符号和箭头""标注文字"等选项中的内容进行修改。

1)线的设置

尺寸标注的线条,主要是指尺寸线和尺寸界线。以【例6.1】为例,在"标注样式管理器"对话框的"样式"列表中选择需要修改的标注样式"建筑标注",单击右侧的"修改(M)…",打开"修改标注样式:建筑标注"对话框,如图6.5所示,选择"线"选项,即可对尺寸线和尺寸界线进行修改,下面对"线"选项中的参数进行说明。

①"尺寸线"栏中的"颜色""线型""隐藏"等选项的含义和设置方法如下:

a."颜色(C):"为设置尺寸线的颜色,用户可在下拉列表框中选择相应的颜色。

b."线型(L):"为设置尺寸线的线型,用户可在下拉列表框中选择相应的线型。

c."线宽(G):"为设置尺寸线的线宽,用户可在下拉列表框中选择相应的线宽。

d."超出标记(N):"用于设置尺寸线超出尺寸界线的长度。若设置的标注箭头是箭头形式,则该选项可不用;若箭头是倾斜短斜线或取消尺寸箭头,则该选项可用。

e.基线间距:在做基线标注时该设置才起作用,表示基线尺寸标注中尺寸线之间的距离。

f.隐藏:用于控制尺寸线的可见性,若无特殊情况,该选项一般不作选择。

②"尺寸界限"栏中的"颜色""线型""隐藏"等选项的含义和设置方法如下:

a."颜色(R):"为设置尺寸界限的颜色,用户可在下拉列表框中选择相应的颜色。

b."尺寸界限1的线型(I):"用于设置起始尺寸界限的线型,用户可在下拉列表框中选择相应的线型。

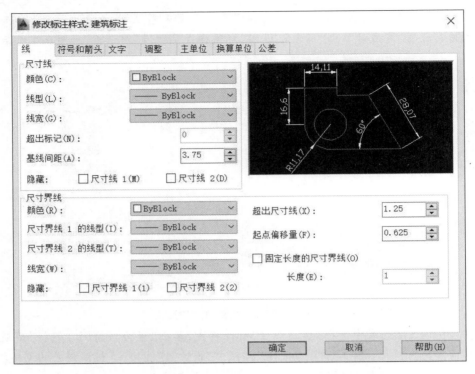

图6.5 "修改标注样式:建筑标注"对话框"线"的设置

c. "尺寸界限2的线型(T):"用于设置终端尺寸界限的线型,用户可在下拉列表框中选择相应的线型。

d. "线宽(W):"为设置尺寸界线的线宽,用户可在下拉列表框中选择相应的线宽。

e. "隐藏:"用于控制尺寸界线的可见性,若无特殊情况,该选项一般不作选择。

f. "超出尺寸线(X):"用于设置尺寸界线超出尺寸线的长度。

g. "起点偏移量(F):"用于设置尺寸界线与标注对象端点的距离,通常应将尺寸界线与标注对象之间保留一定的距离,以便于区分所绘图形实体。

h. "固定长度的尺寸界线(O)"选项可将标注尺寸的尺寸界线都设置成一样长,其具体长度可在"长度"文本框中设置。

2)符号和箭头的设置

在AutoCAD中,用"修改标注样式"对话框的"符号和箭头"选项可设置标注尺寸中的箭头样式、箭头大小、圆心标注以及弧长符号等,如图6.6所示。

各选项的含义和设置方法如下:

①"第一个(T):"和"第二个(D):"为设置尺寸起止符号样式,在AutoCAD中,系统默认尺寸箭头为两个"实心闭合"的箭头,在"第一个(T):"下拉列表框中可设置第一个尺寸线箭头的箭头形式,第一个箭头形式改变时,第二个箭头形式也将随之改变且与第一个箭头类型相同。在"第二个(D):"下拉列表框中可设置第二个箭头的形式,使之与第一个箭头形式不同。一般情况下,第一个和第二个箭头的形式要保持一致。

②"引线(L):"设定引线标注时的箭头类型,一般为实心闭合箭头。

③"箭头大小(I):"设定标注箭头的尺寸。

④"圆心标记"设置圆心标记的类型及大小。

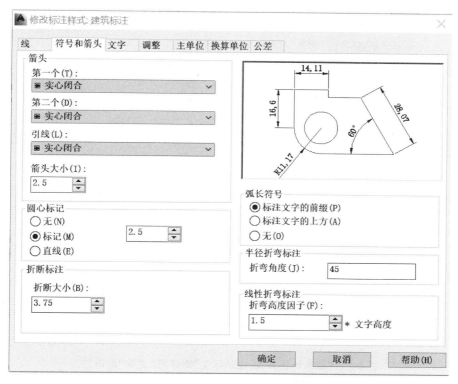

图6.6　"修改标注样式:建筑标注"对话框"符号和箭头"的设置

⑤"弧长符号"选项主要用于标注弧长时,设置其弧长符号是标注在文字上方、前方,还是不标注弧长符号。

⑥"半径折弯标注"选项主要用于设置进行半径折弯标注时的折弯角度。

3)文字的设置

对图形标注尺寸时,标注文字的大小非常重要。标注文字过大或过小均会严重影响工程人员识图。标注文字主要是在"修改标注样式:建筑标注"对话框"文字"选项中进行设置,如图6.7所示。

各选项的含义和设置方法如下:

①在"文字样式(Y):"下拉列表框中选择一种文字样式,供标注时使用,系统默认文字样式为 Standard。如果下拉列表框中没有所需的字体类型,则可单击该下拉框右侧的 ⋯ 按钮,打开"文字样式"对话框进行字体设置,文字设置同第 5 章 5.1 节。

②"文字颜色(C):"下拉列表框用于设置标注文字的颜色。在确定尺寸文字的颜色时,应注意尺寸线、尺寸界线和尺寸文字的颜色最好一致。

③"填充颜色(L):"在该下拉列表框中可选择文字的背景颜色。

④"文字高度(T):"设置标注文字的高度。如果已在文字样式中设置了文字高度,则该数值框中的值无效;如果要使该数值框中的值生效,则应将文字样式中的文字高度设置为"0"。

⑤"分数高度比例(H):"设置尺寸文字中分数高度的比例因子。

⑥"绘制文字边框(F):"勾选该选项后,在进行尺寸标注时,可为标注文字添加边框。

⑦"垂直(V):"该下拉列表框用于控制标注文字相对于尺寸线的垂直对齐位置。

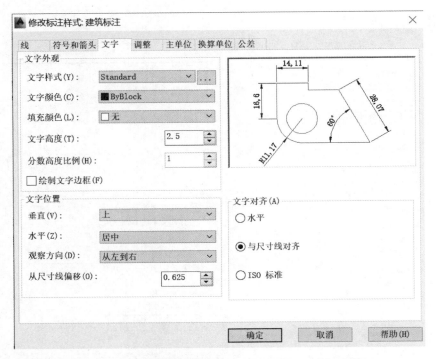

图 6.7　"修改标注样式:建筑标注"对话框"文字"的设置

⑧"水平(Z):"该下拉列表框用于控制标注文字在尺寸线方向上相对于尺寸界线的水平位置。

⑨"从尺寸线偏移(O):"该数值框用于指定尺寸线到标注文字底部的距离。

⑩"文字对齐(A)"用于设置文字对齐方式。选中"水平",所有标注文字将水平放置。选中"与尺寸线对齐",所有标注文字将与尺寸线对齐,文字倾斜度与尺寸线倾斜度相同。选中"ISO 标准",当标注文字在尺寸界线内部时,文字与尺寸线平行;当标注文字在尺寸界线外部时,文字水平排列。

⑪"屏幕预览区"从该区域可以了解用上述设置进行标注所得到的结果。

▶ 6.1.4　标注样式的替代

在"标注样式管理器"对话框中,单击 替代(O)... 按钮,可以将单独的标注或者当前的标注样式定义为替代标注样式。标注样式的替代是对已有的标注图形格式作局部修改,并用于当前图形的尺寸标注。但替代后的标注样式不会改变已保存的标注样式。在下一次使用时,仍采用已保存的标注样式进行标注。

6.2　图形尺寸的标注

在 AutoCAD 中,尺寸标注主要包括线性、对齐、角度、半径、直径、连续、基线等标注类型,下面将分别对其进行说明。

► 6.2.1 线性标注

线性标注常用于标注一条直线上两点之间的距离。线性标注可用于对水平尺寸、垂直尺寸及旋转尺寸等长度类尺寸的标注,主要有以下 3 种方法调用该命令:

①在命令行中输入命令"DIMLINEAR"或快捷命令"DLI",回车。

②在菜单栏中单击"标注(N)"→"线性(L)"。

③在菜单栏下方工具栏的空白处,单击鼠标右键→AutoCAD→标注,调出"标注"工具栏,如图 6.8 所示,单击第一个图标即"线性"标注图标 ⊢⊣。

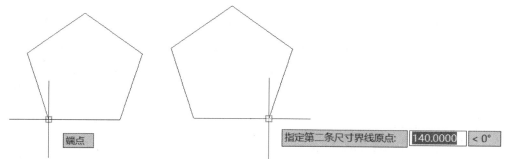

图 6.8 "标注"工具栏

在执行 DLI 命令的过程中,命令行中部分选项的含义如下:

①多行文字(M):选择该项后,可输入多行标注文字。

②文字(T):选择该项后,可输入单行标注文字。

③角度(A):选择该项后,可设置标注文字方向与标注端点连线的夹角,默认为"0",即保持平行。

④水平(H):选择该项后,系统将只标注两点间的水平距离。

⑤垂直(V):选择该项后,系统将只标注两点间的垂直距离。

⑥旋转(R):选择该项后,可在标注时设置尺寸线的旋转角度。

【例 6.2】 绘制一边长为 140 的正五边形并标注其边长,如图 6.11 所示。

①绘制正五边形,边长为 140。

②输入"DLI"命令,回车,命令行提示"指定第一条尺寸界线原点或<选择对象>:"时,捕捉五边形底边左侧角点,如图 6.9 所示。

③命令行提示"指定第二条尺寸界线原点:"时,捕捉五边形底边的右侧角点,如图 6.10 所示。

端点

指定第二条尺寸界线原点: 140.0000 < 0°

图 6.9 指定第一条尺寸界线原点　　　图 6.10 指定第二条尺寸界线原点

④命令行提示"指定尺寸线位置或[多行文字(M)/文字(T)/角度(A)/水平(H)/垂直(V)/旋转(R)]:"时,将鼠标向下移动,在绘图区中拾取一点,指定尺寸线的位置,系统将自动标注线性尺寸,完成图如图 6.11 所示。

► 6.2.2 对齐标注

对齐标注又称为平行标注,主要用于创建平行于所选对象或平行于两尺寸界线原点连线

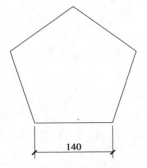

图 6.11　标注正五边形底部边长

的直线型尺寸,可标注任意方向上两点间的距离。主要有以下 3 种方法:

①在命令行中输入命令"DIMALIGNED"或快捷命令"DAL",回车。

②在菜单栏中单击"标注(N)"→"对齐(G)"。

③在调出的"标注"工具栏中单击"对齐"图标 。

执行上述任一操作后,命令行提示"指定第一条尺寸界限原点或<选择对象>:"时,单击需要标注的线段某一端的端点,然后命令行提示"指定第二条尺寸界线原点:"时,单击需要标注的线段另一端的端点,接着命令行提示"指定尺寸线位置或[多行文字(M)文字(T)角度(A)]:"时,移动十字光标指定尺寸线的位置。

【例 6.3】　用对齐标注命令标注【例 6.2】中五边形的斜边长,如图 6.14 所示。

①输入"DAL"命令,回车,命令行提示"指定第一条尺寸界线原点或<选择对象>:"时,捕捉并单击右下角端点,指定对齐标注的第一条尺寸界线原点,如图 6.12 所示。

②命令行提示"指定第二条尺寸界线原点:"时,捕捉并单击最右侧端点,指定对齐标注的第二条尺寸界线原点,如图 6.13 所示。

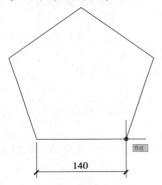

图 6.12　指定第一条尺寸界线原点

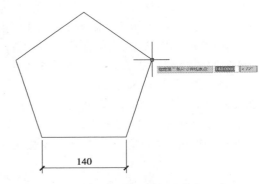

图 6.13　指定第二条尺寸界线原点

③命令行提示"指定尺寸线位置或[多行文字(M)文字(T)角度(A)]:"时,移动十字光标至合适位置指定尺寸线的位置,完成尺寸对齐标注,完成图如图 6.14 所示。

▶ 6.2.3　角度标注

角度标注用于测量并标注被测量对象之间的夹角,主要有以下 3 种方法:

①在命令行中输入命令"DIMANGULAR"或快捷命令"DAN",回车。

②单击菜单栏中的"标注(N)"→"角度(A)"。

③在调出的"标注"工具栏中单击角度标注图标 。

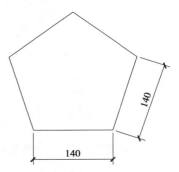

图 6.14　标注梯形的斜边长度

【例 6.4】　标注【例 6.2】五边形顶部角度,如图 6.17 所示。

①输入命令"DAN",回车,命令行提示"选择圆弧、圆、直线或<指定顶点>:"时,选择五边

形顶部角度标注的第一条直线,如图 6.15 所示。

②命令行提示"选择第二条直线:"时,选择右侧边,指定角度标注的第二条直线,如图 6.16 所示。

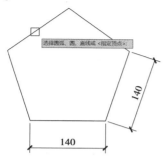

图 6.15　选择第一条直线

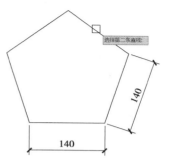

图 6.16　选择第二条直线

③命令行提示"指定标注弧线位置或[多行文字(M)文字(T)角度(A)象限点(Q)]:"时,在五边形内指定一点,确定标注弧线的位置,完成角度标注,如图 6.17 所示。

▶ 6.2.4　半径标注

半径标注主要用于标注圆或圆弧的半径尺寸。主要有以下 3 种方法:

①在命令行中输入命令"DIMRADIUS"或快捷命令"DRA",回车。

②单击菜单栏中的"标注(N)"→"半径(R)"。

③在调出的"标注"工具栏中单击半径标注图标 。

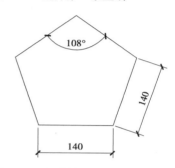

图 6.17　标注梯形腰与下底边的夹角

执行上述任一操作后,按照命令行提示,选择需要标注的圆或圆弧,然后指定尺寸线的标注位置即可标注出圆或圆弧的半径。

▶ 6.2.5　直径标注

直径标注主要用于标注圆或圆弧的直径尺寸。常用以下 3 种方法:

①在命令行中输入命令"DIMDIAMETER"或快捷命令"DDI"并回车。

②单击菜单栏中"标注(N)"→"直径(D)"。

③在调出的"标注"工具栏中单击直径标注图标 。

执行上述任一操作后,按照命令行提示,选择需要标注的圆或圆弧,然后指定尺寸线的标注位置即可标注出圆或圆弧的直径。

【例 6.5】　绘制 1 个半圆,1 个圆,并使两者同心。下部大圆直径为 200 mm,上部小圆直径为 100 mm。标注小圆的直径与大圆的半径,如图 6.21 所示。

①使用第 2 章及第 3 章所学绘图及修改命令,完成图形绘制。

②输入命令"DDI",回车,命令行提示"选择圆弧或圆:"时,单击选择小圆,如图 6.18 所示。

③命令行提示"指定尺寸线位置或[多行文字(M)文字(T)角度(A)]:"时,在绘图区中单击一点,确定尺寸线的位置,完成对小圆直径的标注,如图6.19所示。

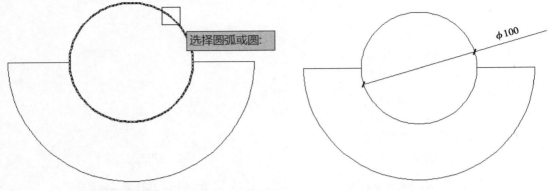

图6.18　选择小圆　　　　　　　　　　　图6.19　确定尺寸线位置并标注

④输入命令"DRA",回车,命令行提示"选择圆弧或圆:"时,单击选择大圆,如图6.20所示。

⑤命令行提示"指定尺寸线位置或[多行文字(M)/文字(T)/角度(A)]:"时,在绘图区中单击一点,确定尺寸线的位置,完成对大圆半径的标注,如图6.21所示。

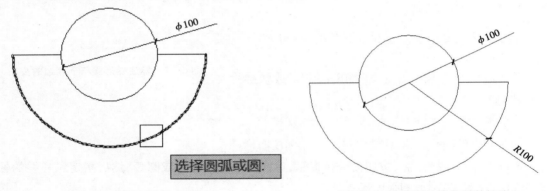

图6.20　选择大圆　　　　　　　　　　　图6.21　确定尺寸线位置并标注

▶　6.2.6　连续标注

连续标注命令用于在同一方向上连续的线性尺寸或角度尺寸的标注,在图形对象上至少有一个标注的前提下使用。主要有以下3种方法调用连续标注命令:

①在命令行中输入命令"DIMCONTINUE"或快捷命令"DCO"并回车。

②单击菜单栏中"标注(N)"→"连续(C)"。

③在调出的"标注"工具栏中单击连续标注图标 ┼┼┼。

在应用连续标注命令时,当选择基准标注后,只需要指定连续标注的延伸线原点,即可对相邻的图形对象进行标注。

【例6.6】　使用连续标注对踏面宽300 mm、踢面高150 mm的踏步的踏面进行标注,如图6.22所示。

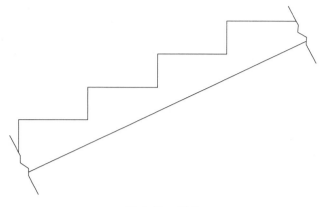

图6.22　踏步

①在命令行中输入"DLI"命令,回车,利用线性标注从右到左的顺序指定尺寸界限的原点,建立基准标注,完成图如图6.23所示。

②输入"DCO"命令,回车,命令行提示"指定第二条尺寸界线原点或[放弃(U)选择(S)]<选择>:"时,单击第二个标注点,如图6.24所示。

③在命令行提示"指定第二条尺寸界线原点或[放弃(U)/选择(S)]<选择>:"时,单击第三个标注点,如图6.25所示。

④依次单击所有点后,按空格键或回车键结束命令,完成对图形对象的标注,如图6.26所示。

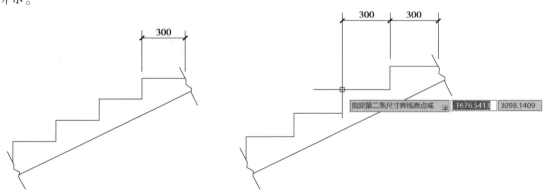

图6.23　建立基准标注　　　　　　图6.24　指定第二条尺寸界线的原点

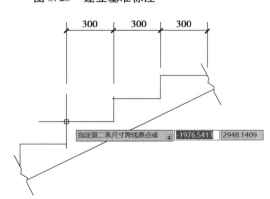
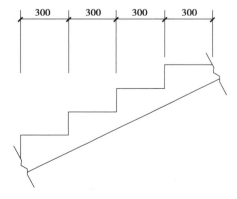

图6.25　指定第三条尺寸界线的原点　　　　图6.26　完成标注

▶ 6.2.7 基线标注

当需要创建的标注与已有标注的第一条尺寸界线相同时,可以使用基线标注命令。主要有以下3种方法:

①在命令行中输入命令"DIMBASELINE"或快捷命令"DBA"并回车。

②单击菜单栏中"标注(N)"→"基线(B)"。

③在调出的"标注"工具栏中单击基线标注图标 ⊟。

执行基线标注前需要设置标注样式选项"线"中的基线间距,使基线间距至少大于文字高度。在基线标注命令执行过程中,命令行中提示指定第二条尺寸界线原点时,拾取需要标注的对象终端坐标点为第二条尺寸界线原点。

【例6.7】 使用基线标注命令在【例6.6】的基础上对图形对象的总踏步尺寸进行标注,结果如图6.28所示。

①根据6.1节的内容,进入"标注样式管理器"对话框,选择正在使用的标注样式,单击右侧"修改",进入"线"选项,修改基线间距,使其至少大于文字高度。

②输入命令"DBA",回车,命令行提示"指定第一条尺寸界线原点或[放弃(U)/选择(S)]<选择>:"时,输入"S"并回车,进入"选择(S)"模式,选择右侧第一条尺寸界限作为基准标注,如图6.27所示。

③命令行提示"指定第二条尺寸界线原点或[放弃(U)选择(S)]<选择>:"时,单击踏步最后一个标注点,如图6.28所示。

④按空格或回车键结束命令,完成对图形对象的标注,如图6.28所示。

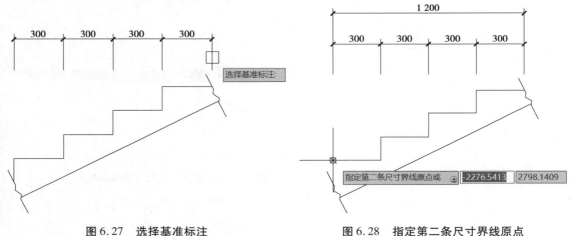

图6.27 选择基准标注   图6.28 指定第二条尺寸界线原点

6.3 编辑标注

▶ 6.3.1 更改尺寸标注形态

编辑标注命令可以更改尺寸标注的尺寸界线位置、角度等。常用的有以下两种方法:

①在命令行中输入命令"DIMEDIT"或快捷命令"DED"并回车。

②在调出的"标注"工具栏中单击编辑标注图标 。

执行上述任一操作后,命令行中提示"输入标注编辑类型[默认(H)/新建(N)/旋转(R)/倾斜(O)]<默认>:",根据不同的选项选择相应的操作。其各选项的含义如下:

①默认(H):该选项可以将标注文字移动到默认位置。

②新建(N):该选项将打开"文字格式"工具栏和多行文字编辑框,在文字编辑框中可以对文字进行编辑,单击"文字格式"工具栏中的确定按钮,在命令行提示"选择对象:"时,可以选择要更改尺寸数字的标注。

③旋转(R):该选项可以对标注文字进行旋转操作。

④倾斜(O):该选项可以调整线性尺寸标注中的尺寸界线的角度。

▶ 6.3.2 更改尺寸标注文字

AutoCAD 在某些特殊情况下需要更改某些尺寸数字在尺寸线上的位置以及内容,可以使用编辑标注文字命令来完成,常用的有以下4种方法:

①在命令行中输入命令"DIMTEDIT"或快捷命令"DIMTED"并回车。

②在调出的"标注"工具栏中单击"编辑标注文字"图标 。

③单击菜单栏中"标注(N)"→"对齐文字(X)"选项中的相应子命令。

④输入命令"DDEDIT"或"DDE",选择注释对象可修改尺寸数字。

命令行中各选项的含义如下:

①左对齐(L):将标注文字左对齐。

②右对齐(R):将标注文字右对齐。

③居中(C):将标注文字定位于尺寸线中心。

④默认(H):将标注文字移动到标注样式设置的默认位置。

⑤角度(A):将标注文字的角度改变。

绘制建筑平面图

【内容提要】

本章的主要内容包括建筑平面图的基础知识和建筑平面图的绘制方法。

【能力要求】

- 熟练掌握基本绘图命令、编辑命令；
- 完成建筑平面图的绘制。

7.1　建筑平面图的基础知识

建筑平面图是反映建筑内部使用功能、建筑内外空间关系、室内装修布置、建筑设备、建筑结构形式以及交通联系的图形。它主要用于表达建筑物在水平方向房屋各部分的组合关系。

▶ **7.1.1　建筑平面图的生成**

用一个假想的水平剖切面经过房屋的门窗洞口位置将房屋剖切开,将剖切面以下的部分做水平投影得到的图形即为建筑平面图。它主要用于表示房屋的平面形状和大小,内部房间的布置、用途、走道、楼梯等上下、内外的交通联系,墙、柱及门窗等构配件的位置、大小和构造做法。

▶ **7.1.2　建筑平面图的组成**

建筑平面图一般是由墙体、梁柱、门窗、台阶、阳台、散水、雨篷等,以及尺寸标注、轴线、文字等组成的。

（1）墙体

建筑物室内外以及室内之间的垂直分隔的实体部分为墙体。墙体的厚度应满足房屋的功能与结构要求且符合国家标准的规定，如外墙和承重墙，北方地区一般是 480 mm 或者 360 mm，南方地区则是 240 mm，非承重墙一般为 120 mm 或 180 mm。

（2）梁柱

梁柱在框架结构中起承重作用。一般情况下梁柱与梁柱之间的距离应是 300 的模数。

（3）门

门主要对建筑和房间出入口起开启和封闭的作用。一般情况下，民用建筑门高为 2 000 mm 或 2 100 mm，公共建筑门的高度应是 300 的模数，厨卫门宽为 650 mm 或者 700 mm，阳台门宽为 800 mm，房间门宽为 900 mm，入户门宽为 1 000 mm。

（4）窗

窗的主要功能是采光通风。在绘图时，一般窗户的厚度与外墙厚度相同，墙遇窗时墙线应断开。窗的高度和宽度一般是 300 的整数倍，其离地高度一般为 900 mm。

（5）阳台

阳台是楼房建筑中各层房间与室外接触的平台，为了防止雨水从阳台进入室内，一般要求阳台比室内地面低 20～60 mm。阳台在平面图中用细线表示，宽度一般大于 1 100 mm 且为 300 的整数倍，阳台栏杆高一般为 1 200 mm。

▶ **7.1.3 绘制建筑平面图的注意事项**

绘制建筑平面图时，首先要理解平面图的形成，找准建筑物的剖切位置和方向；其次，在绘制图形时，各个组成部分的尺寸和线形要正确（如门窗等常用尺寸上文中已提到，楼梯踏步一般宽为 300 mm，高为 150 mm），线型要根据规范要求来选择（如墙线的线型通常为粗实线，轴线为细点画线等）。

绘制建筑平面图的一般步骤：先进行基本设置，例如图层、绘图单位等；然后是确定轴网；接下来绘制墙体、门窗、阳台、楼梯、散水等；最后标注尺寸和添加文字说明。

下面以绘制图 7.1 为例说明平面图的绘制过程。

7.2 设置绘图环境

绘图环境主要包括图层、图形单位、文字样式以及标注样式等。

▶ **7.2.1 创建"平面图.dwg"图形文件、创建图层、设定绘图精度**

①按照本书第 1.3.1 节的方法创建新文件，然后按照第 1.3.3 节的方法将新建的文件保存为"平面图.dwg"图形文件。

②然后输入图层命令"LA"，回车，弹出"图层特性管理器"对话框，创建如图 7.2 所示的图层。其中，尺寸标注颜色为绿色，门窗及门开启线为天蓝色（颜色名称为青，索引编号为 4），墙为土黄色，轴线为红色，其余图层颜色为黑色；设置轴线图层的线型为单点长画线，如图 7.3 所示。

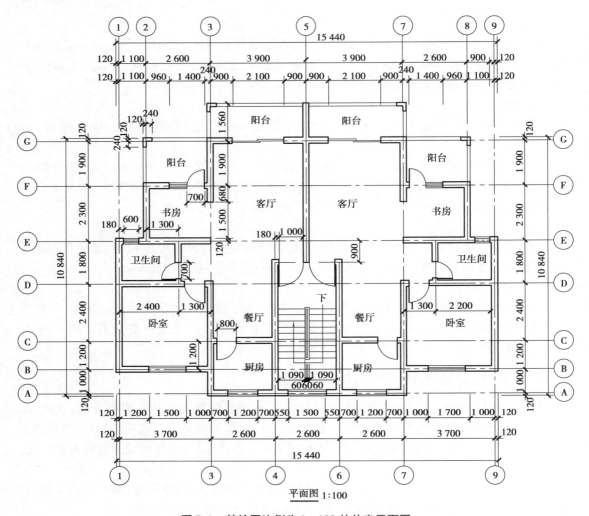

图7.1 某绘图比例为1:100的住宅平面图

图7.2 创建并设置图层

③在菜单中单击"格式(O)"→"线型(N)…",打开"线型管理器"对话框,单击右上角 显示细节(D) 按钮,在打开的"详细细节"信息栏中,将"全局比例因子"设置为100,如图7.4 所示。

④在菜单中单击"格式（O）"→"单位（U）…"，打开"图形单位"对话框，将"长度"栏的"类型（T）:"设置为小数，"精度（N）:"设置为0，如图7.5所示。

图7.3 轴线图层线型　　　　　　　　图7.4 设置线型比例

▶ 7.2.2 设置标注样式

①在菜单中单击"格式（O）"→"标注样式（D）…"，打开"标注样式管理器"对话框，选中左侧"样式（S）:"中任一样式作为模板，单击右侧"修改（M）…"或"新建（N）…"按钮，对当前标注样式进行修改或新建设置，以新建为例进行说明，单击"新建（N）…"按钮，进入"创建新标注样式"对话框，在"新样式名（N）:"下方输入自定义的新样式名"建施图尺寸标注"，单击右侧"继续"按钮，进入"新建标注样式：建施图尺寸标注"对话框，选择"线"选项卡，设置尺寸标注中的尺寸线以及尺寸界限的样式，如图7.6所示。

图7.5 设置图形单位

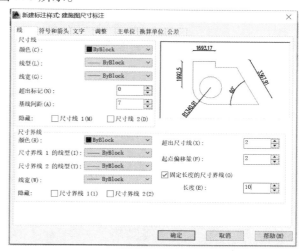

图7.6 设置标注线条

②选择"符号和箭头"选项卡，设置标注样式箭头的样式和大小，如图7.7所示。

③选择"文字"选项卡，单击"文字样式（Y）:"后方 … 新建"中文"和"尺寸数字"文字样式并对其进行设置，分别如图7.8和图7.9所示，设置完成后单击对话框下方的"应用（A）"，并将"中文"置为当前，为后续图中书写文字做准备，再单击"关闭（C）"按钮，回到"文字"选项卡，对尺寸标注的文字进行进一步设置，设置完成后如图7.10所示。

④选择"调整"选项卡，将"全局比例因子"设置为100，如图7.11所示。

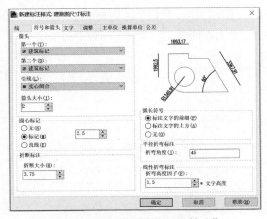

图 7.7 设置标注"符号和箭头"

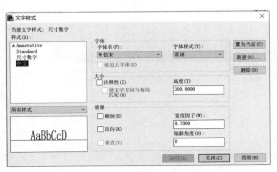

图 7.8 设置"中文"文字样式

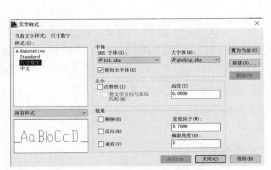

图 7.9 设置"尺寸数字"文字样式

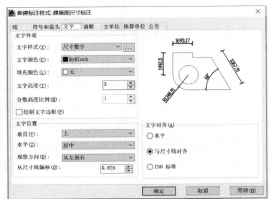

图 7.10 设置文字

⑤选择"主单位"选项卡,在"线性标注"一栏中设置"精度"为 0.00,"小数点分隔符"设置为句点,在"消零"栏中勾选"后续",如图 7.12 所示。

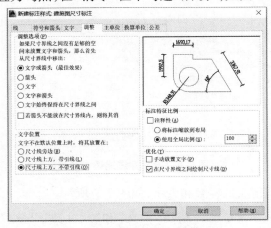

图 7.11 设置标注比例

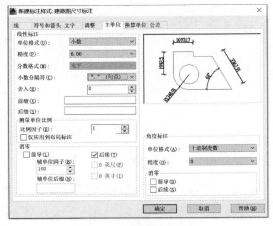

图 7.12 设置标注单位

最后单击"确定"按钮,回到"标注样式管理器"对话框,单击选择左侧设置完成"建施图尺寸标注",然后单击右侧的"置为当前(U)",最后单击对话框最底下的"关闭"按钮,完成尺寸标注样式的设置。

7.3 绘制轴网

► **7.3.1 绘制轴线网格**

设置好绘图环境后,就可以绘制轴网了,绘制轴网主要用构造线和偏移命令,具体步骤如下:

①将当前图层切换为"轴线"图层,输入构造线命令"XL",回车,按照提示绘制相交的水平和垂直构造线,如图 7.13 所示为无限长构造线局部。

②输入偏移命令"O",回车,将水平构造线向上进行偏移,偏移距离如图 7.14 所示。

图 7.13 绘制水平及垂直构造线(局部)　　　图 7.14 向上偏移水平构造线的距离

③再次执行偏移命令,将垂直构造线向右偏移,偏移距离如图 7.15 所示。

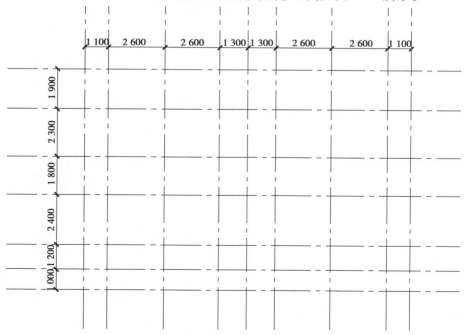

图 7.15 偏移竖向构造线的距离

④轴线有限长,而构造线无限长,且不便于图形修改,因此,需要对利用构造线绘制好的轴网进行修剪:切换至"0"图层,输入矩形命令"REC",回车,按照提示绘制矩形,使其能框完需要的轴网范围,如图 7.16 所示。

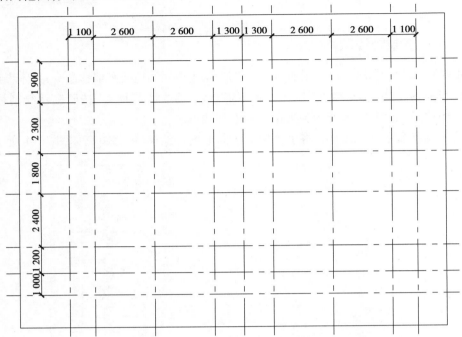

图 7.16　矩形框框住轴网范围

⑤输入修剪命令"TR",回车,按照提示修剪掉矩形框以外的轴线,完成图如图 7.17 所示。

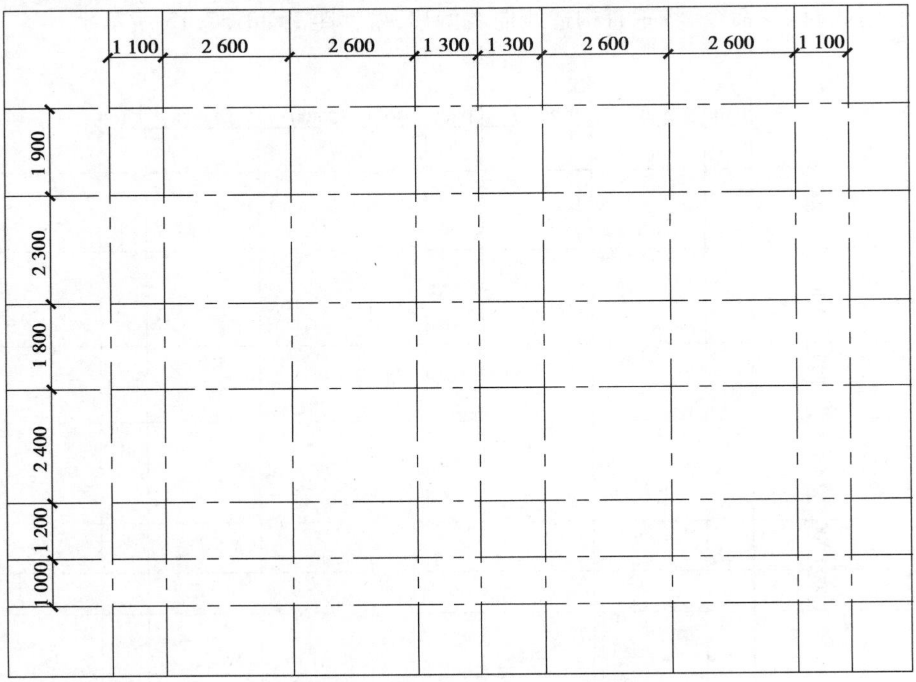

图 7.17　修剪完成矩形框以外的轴线

⑥删除矩形框,利用前面章节学习的绘图及修改命令,修改轴网,完成后的效果如图7.18所示。

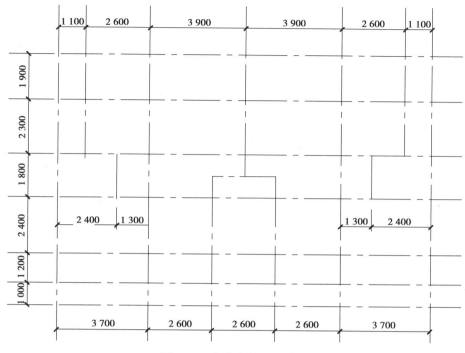

图 7.18 修剪完善后的轴网

▶ 7.3.2 利用创建块和块属性定义绘制轴号

轴号主要包含轴线、轴线编号圆和轴线编号。

①使用直线、圆绘制轴线圈,如图7.19所示,其中轴线圆圈直径为800 mm(国标要求轴线圆圈为8~10 mm,图形比例为1:100,故绘制时直径为800 mm),直线长度合适即可;输入属性定义命令"att",回车,进入"属性定义"对话框,对轴号进行块属性定义,为创建轴号块做准备,如图7.20所示,单击"确定"按钮,命令行提示"指定起点:",移动光标将轴号"1"置入圆圈中间,完成后如图7.21所示。

②按照本书第4.4.3节的方法,将图7.21创建为"轴号"块,并将直线顶端指定为基点。

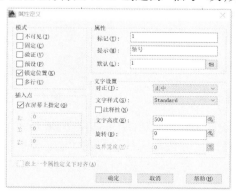

图 7.20 轴号属性定义

图 7.19 轴线编号圆

图 7.21 轴号

③输入复制命令"CO",回车,将创建的轴号块进行复制,复制效果如图 7.22 所示。

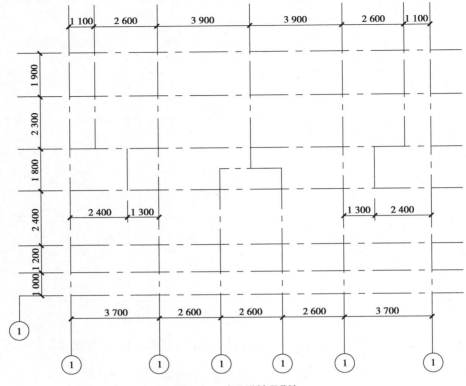

图 7.22　复制"轴号"块

④更改纵向轴号:利用旋转命令将纵轴的轴号旋转-90°,然后双击旋转后的轴号,打开"增强属性编辑器"对话框,在"值"文本框中输入"A",如图 7.23 所示;单击"文字选项"选项卡,将"旋转(R):"设置为 0,如图 7.24 所示。单击"确定"按钮,回到绘图区,更改轴号的效果如图 7.25 所示。

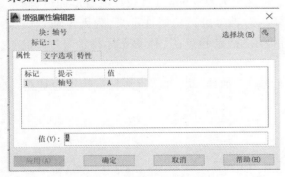

图 7.23　更改轴号文字　　　　　图 7.24　更改轴号文字旋转角度

⑤利用复制命令,将纵向轴号向上复制,结果如图 7.26 所示。

⑥双击各个轴号更改轴号值,分数形式的轴号将"宽度因子"设置为 0.6;然后使用镜像、复制及移动等命令,完成右方和上方的轴号绘制,并双击各轴号修改轴号值,完成后的效果如图 7.27 所示。

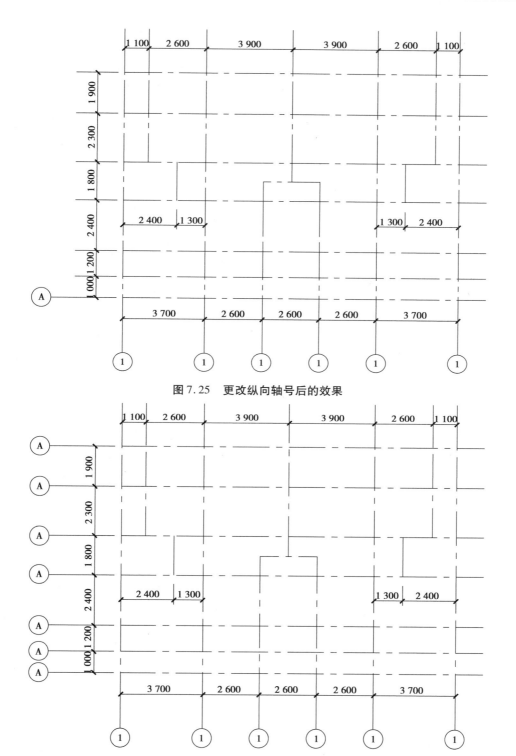

图 7.25   更改纵向轴号后的效果

图 7.26   复制纵轴轴号

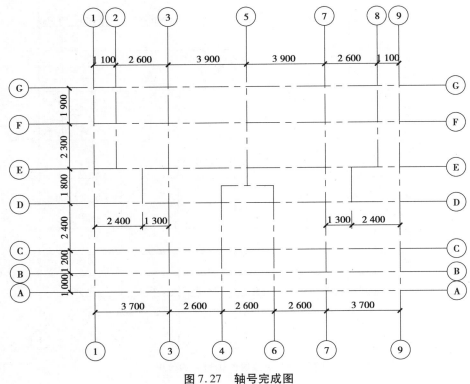

图 7.27 轴号完成图

7.4 绘制墙体

► 7.4.1 用多线命令绘制墙体

绘制好轴网后,用多线绘制墙体。具体步骤如下:

①将当前图层切换为"墙线"图层,按照本书第2.4.3节内容结合【例2.17】的方法定义墙线的多线样式后,输入多线命令"ML",回车,将"对正(J)"设置为"无","比例(S)"设置为240,即可绘制如图7.28所示的墙多线。

②再次执行多线命令,多线"比例(S)"设置为120,绘制异形柱,如图7.28②轴线和Ⓖ轴线相交处,各异形柱尺寸相同。

③双击多线,根据墙线相交类型,选择"T形打开""十字打开""角点结合"等,编辑多线节点,效果如图7.29所示。

► 7.4.2 修剪出门窗洞口

①定位门窗洞口尺寸:根据图7.1中门窗洞口位置及尺寸绘制辅助线,如图7.30所示。

②输入修剪命令"TR",修剪辅助线之间的墙线,剪出门窗洞口,修剪后如图7.31所示,然后删除辅助线,效果如图7.32所示。

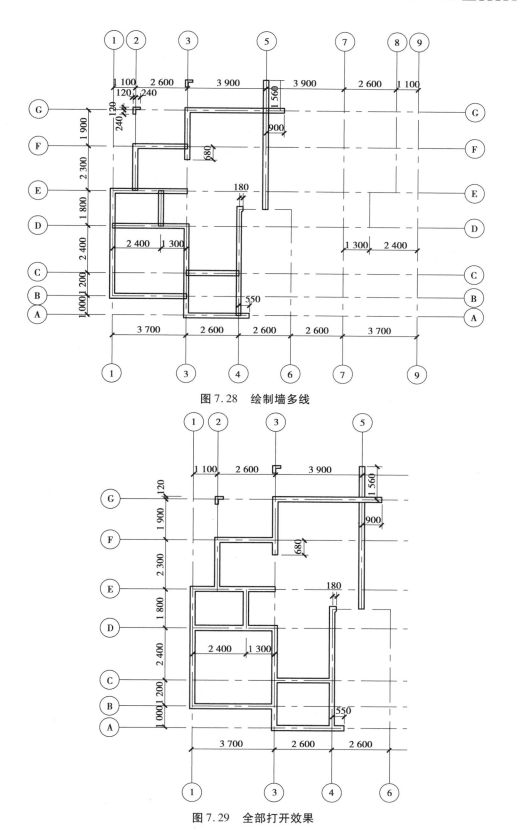

图 7.28　绘制墙多线

图 7.29　全部打开效果

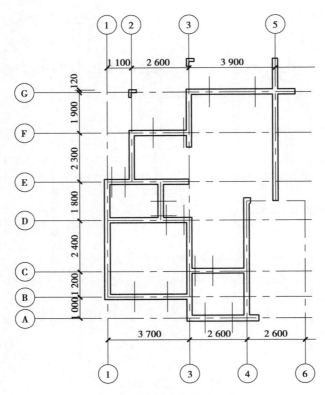

图 7.30　定位门窗洞口位置

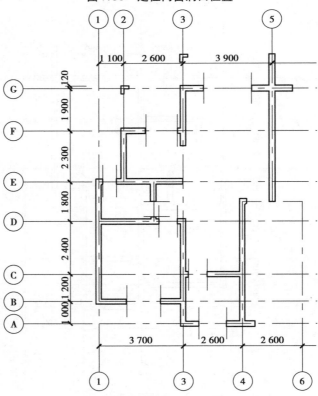

图 7.31　修剪门窗洞口

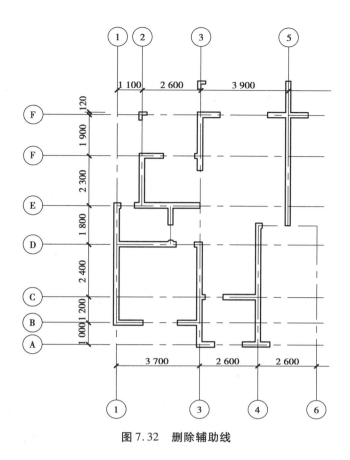

图7.32　删除辅助线

7.5　绘制阳台、门窗

绘制好墙线后,接着进行阳台及门窗的绘制。绘制门窗时,可结合图块提高绘图效率。

▶ 7.5.1　绘制阳台

将当前图层切换为"门窗图层",输入多线命令"ML",回车,根据提示将多线比例设置为120,绘制阳台边线,绘制完成如图7.33所示。

▶ 7.5.2　绘制门窗

1)门

①使用直线和圆弧命令,绘制宽800的单开门,如图7.34所示,其中,直线在"门开启线"图层下绘制,1/4圆弧在"门窗"图层下绘制,并将800单开门图形创建为名称为"800单开门"图块,指定直线最顶端为基点,块定义对话框如图7.35所示。

②输入块插入命令"I",回车,将上一步骤中定义的"800单开门"图块插入图形中,插入门后效果如图7.36所示。

③根据单开门尺寸,结合①②步骤及镜像、插入等命令,绘制所有单开门,效果如图7.37所示。

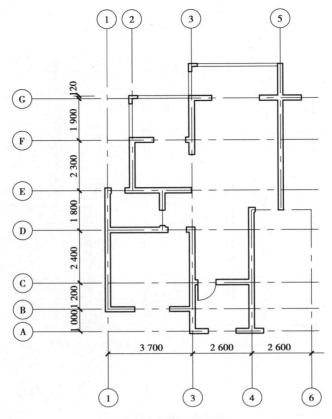

图 7.33　完成阳台墙线

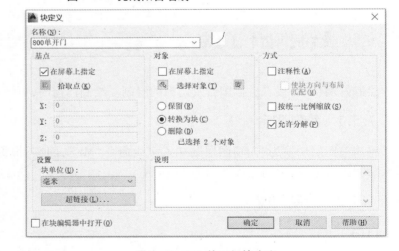

图 7.35　800 单开门块定义

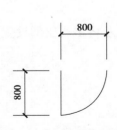

图 7.34　800 宽单开门

④综合运用绘图及修改命令,绘制阳台推拉门,效果如图7.38所示。

2)窗

①将当前图层切换为"窗"图层,单击菜单栏"格式(O)"→"多线样式(M)…",出现"多线样式"对话框,新建多线样式,设置"窗"多线样式,如图7.39所示。

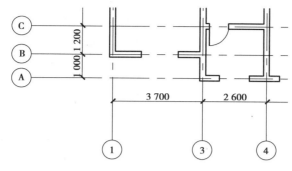

图 7.36　插入单开门

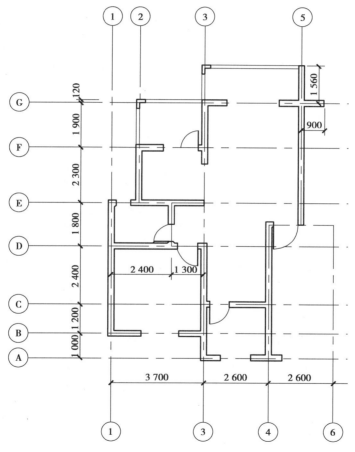

图 7.37　完成单开门绘制

②输入多线命令"ML",回车,根据命令行提示,设置多线比例为240,选择"窗"多线样式,绘制窗,效果如图7.40所示。

③输入镜像命令"MI",回车,根据命令行提示,将左侧绘制完成的墙、门窗(⑤轴线及与其相连的墙除外)镜像至右侧,然后完成楼梯间的窗户绘制,效果如图7.41所示。

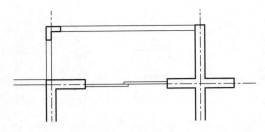

图 7.38　绘制推拉门

图 7.39　设置"窗"多线样式

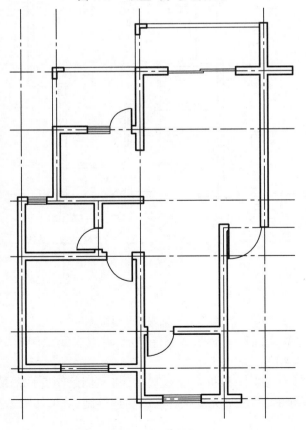

图 7.40　完成窗

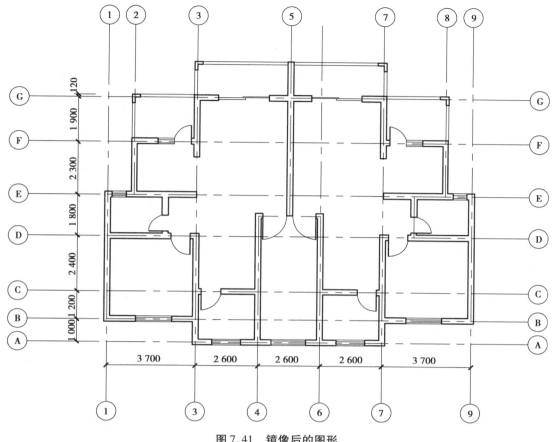

图 7.41 镜像后的图形

7.6 绘制楼梯

楼梯的绘制需要综合使用各种命令,主要使用直线、阵列、镜像和移动等命令,读者也可根据自身绘图习惯自行选用命令,达到高效绘图目的即可。

► 7.6.1 绘制梯井

①将当前图层切换为"楼梯"图层,绘制尺寸 60×2 080 的矩形,根据图 7.1 的位置将此矩形移至楼梯相应位置,如图 7.42 所示。

②输入偏移命令"O",回车;输入距离"60",回车,将矩形向外侧偏移 60,结果如图 7.43 所示。

► 7.6.2 绘制梯段

①绘制第一条梯面线:输入直线命令"L",回车,使用对象捕捉追踪,指定直线的起点,如图 7.44"×"所示,继而向左绘制水平直线,效果如图 7.45 所示。

②完成梯段绘制:输入阵列命令"AR",回车,命令行提示"选择对象:"后,选择直线,回车,命令行提示"输入阵列类型[矩形(R)路径(PA)极轴(PO)]:"时,选择[矩形(R)],按照命令行提示,设置列数为 2,列偏移量为 1 270,行数为 9,行偏移量为 260,设置完成后回车两

次,完成楼梯梯段的绘制,效果如图 7.46 所示。

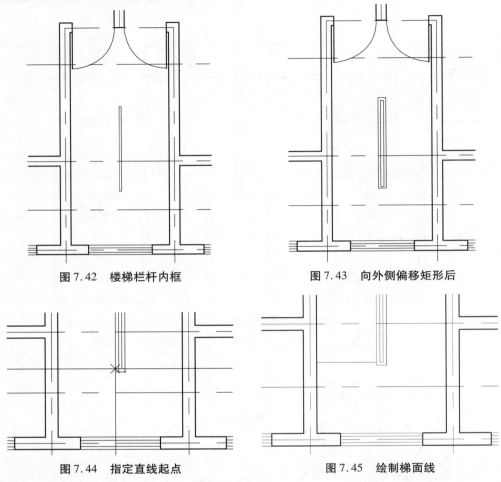

图 7.42　楼梯栏杆内框　　　　　　图 7.43　向外侧偏移矩形后

图 7.44　指定直线起点　　　　　　图 7.45　绘制梯面线

③输入多段线命令"PL",回车,绘制楼梯走向线,其中,直线段线宽设置为 0,箭头宽端 100,箭头长 400;输入文字命令"T",回车,在走向线端头写"下",对楼梯走向进行说明,效果 如图 7.47 所示。

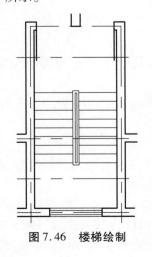 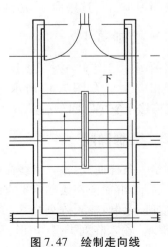

图 7.46　楼梯绘制　　　　　　　　图 7.47　绘制走向线

7.7 尺寸及文字标注

完成平面图的绘制后,对图形进行尺寸标注和文字说明,其中,标注样式和文字样式已在第7.2 节设置完成,本节不需要重复设置,直接使用即可。

▶ 7.7.1 尺寸标注

将当前图层切换为"尺寸标注"图层,根据第 6 章所学,使用线型标注和连续标注对图形进行尺寸标注,标注结果如图 7.48 所示。

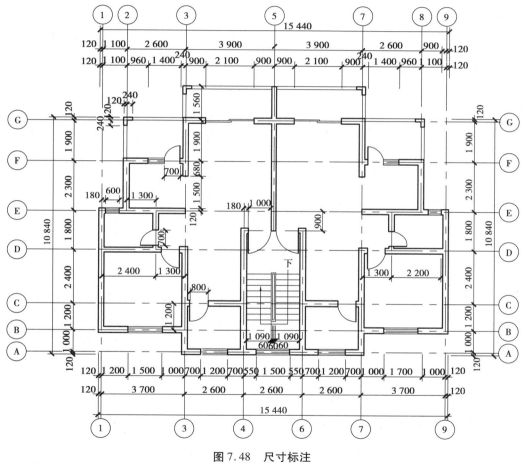

图 7.48 尺寸标注

▶ 7.7.2 文字

①将当前图层切换为"文字"图层,输入文字命令"T",回车,对图形进行文字注释,如图7.49 所示。

②输入复制命令"CO",回车,复制文字至其他房间。

③双击文字进行更改,并用镜像命令复制修改后的文字,结果如图 7.1 所示。

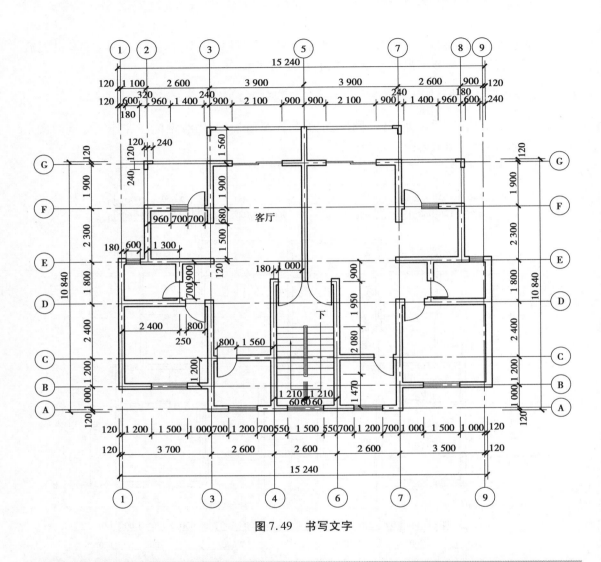

图 7.49　书写文字

【练习与提高】

　　根据本章所学知识,结合前面章节的基本绘图、编辑、图块、图层、文字和标注命令,绘制如图 7.50 所示的平面图。

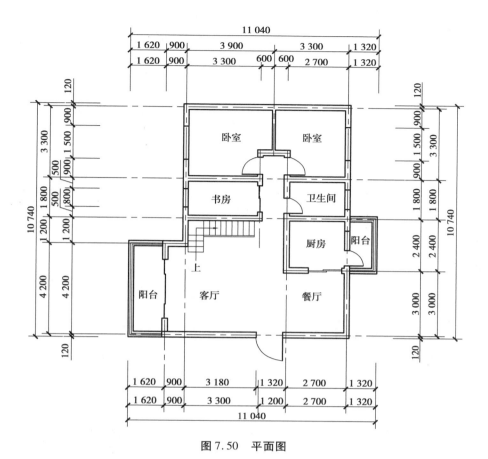

图 7.50 平面图

绘制建筑立面图

【内容提要】

本章的主要内容为建筑立面图的基本知识以及建筑立面图的绘制方法。

【能力要求】

● 熟练掌握基本绘图命令；

● 完成建筑立面图的绘制。

8.1 立面图基本知识

建筑立面图是反映建筑物的外部特征、外墙上门窗位置、外墙面装饰材料的图形，是建筑施工图中重要的组成部分。

▶ **8.1.1 建筑立面图的形成及图名**

①建筑立面图的形成是用直接正投影法将建筑各侧面投射到基本投影面而得到的建筑物外形图。

②建筑立面图的图名命名方式主要有以下3种：

a.以建筑墙面的特征命名：建筑的主要出入口所在墙面的立面图为正立面图，其余的成为背立面图等。

b.以建筑两端的定位轴线命名，例如，①～⑦立面图。

c.以建筑各墙面的朝向命名，例如，南立面图、北立面图等。

▶ **8.1.2　建筑立面图的内容及作用**

立面图需要图示的内容包括绘制外墙面上所有的门窗、窗台、窗楣、雨篷、檐口、阳台及底层入口处的台阶、花池等。

建筑立面图的作用为表达建筑的外部造型、装饰,如门窗位置及形式、雨篷、阳台、外墙面装饰及材料和做法等。

▶ **8.1.3　建筑立面图的比例、轴线、图例**

①建筑立面图常用的比例有 1∶50,1∶100,1∶150,1∶200,1∶300,一般与相应的平面图相同。

②定位轴线。在建筑立面图中只需绘制首尾定位轴线。

③建筑立面图中图例的画法。相同的构件和构造(如门窗、阳台、墙面装修等)可局部详细图示,其余简化画出。相同的门窗可只画 1 个代表图例,其余的只画轮廓线。

④线型。在建筑立面图中有 5 种线型,不同的线型具有不同的作用。

a. 粗实线(b):绘制立面图的外轮廓线。

b. 中实线($0.5b$):绘制凸出墙面的雨篷、阳台、门窗洞口、窗台、窗楣、台阶、柱、花池等投影。

c. 细实线($0.25b$):绘制其余投影,如门窗、墙面等分格线、落水管、材料符号引出线及说明引出线等。

d. 特粗实线($1.4b$):绘制室外地坪线,两端适当超出立面图外轮廓。

e. 细单点长画线($0.25b$):绘制定位轴线。

▶ **8.1.4　立面图尺寸与标高标注**

①立面图尺寸标注包括高度方向总尺寸、定位尺寸(两层之间楼地面的垂直距离即层高)和细部尺寸(楼地面、阳台、檐口、女儿墙、台阶、平台等部位)。

②立面图中应该对楼地面、阳台、檐口、女儿墙、台阶、平台等处标注标高。

8.2　立面图实例

绘制立面图时,首先应绘制立面图轮廓;其次使用图块、复制、阵列等命令完成窗、门等图形的绘制;最后使用尺寸标注命令对立面图进行尺寸标注,并书写立面图标高。本章以图 8.1 为例详细介绍绘制立面图的方法,以及立面图尺寸标注、标高标注等相关操作的方法,图 8.2 为水平方向上的尺寸仅供绘制立面图使用,在绘制立面图时不需要标注水平方向尺寸。

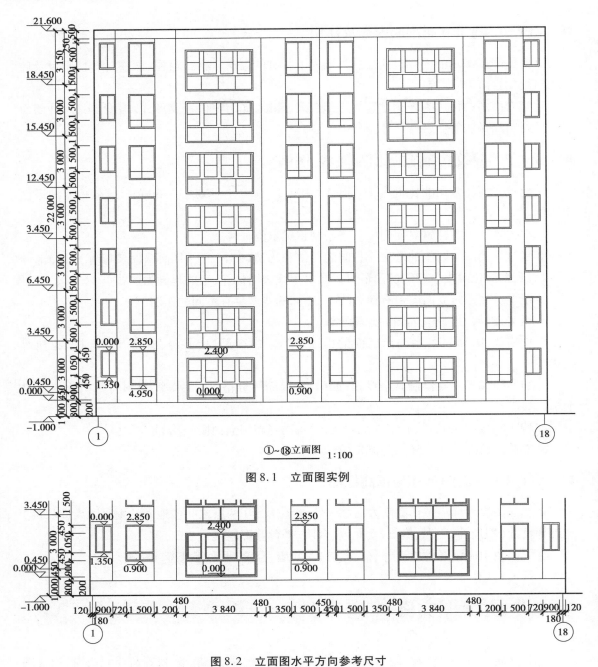

图 8.1　立面图实例

图 8.2　立面图水平方向参考尺寸

8.3　设置绘图环境

绘图环境主要包括图层设置和标注样式设置等。

▶ **8.3.1 创建"建筑立面图.dwg"图形文件及图层**

①按照本书1.3.1节的方法创建新文件,然后按照1.3.3节的方法,将新建的文件保存为"建筑立面图.dwg"图形文件。

②输入图层命令"LA",回车,弹出"图层特性管理器"对话框,创建如图8.3所示的图层。注意:应根据不同内容选用不同的线型、线宽,该部分知识详见8.1.3节;为了印刷方便,本次各图层颜色设置均为黑色,读者可根据自身喜好进行修改,但务必保证图形清晰,便于阅读。

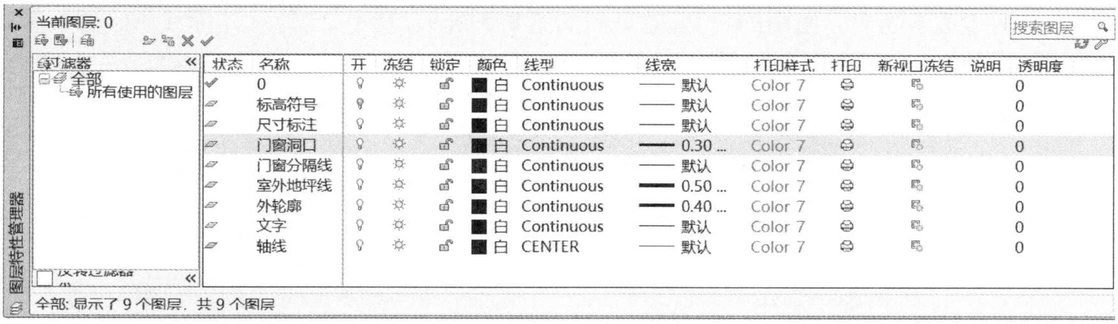

图8.3 图层设置

▶ **8.3.2 设置比例、文字和标注样式**

①设置线型比例因子:单击菜单栏中的"格式(O)"→"线型(N)...",弹出"线型管理器"对话框,单击右上角 显示细节(D) ,在打开的"详细细节"信息栏中,将"全局比例因子"设置为100,如图8.4所示。

②设置文字样式和标注样式:单击菜单栏中的"格式(O)"→"【标注样式(D)...",弹出"标注样式管理器"对话框,本章图与第7章平面图实例比例相同均为1:100,因此,标注和文字样式可按照第7.2.2节的相同方法及参数设置,此处不再赘述。

图8.4 设置线型比例因子

8.4　绘制立面图外轮廓和地坪线

①将当前图层切换为"外轮廓"图层,输入直线命令"L",回车,按照图中所给尺寸绘制立面图的轮廓。

②将当前图层切换为"室外地坪线"图层,输入直线命令"L",回车,绘制立面图中的室外地坪线,两端适当超出立面图的轮廓,效果图如图8.5所示,其中,此处尺寸标注供绘图参考,不需要绘制。

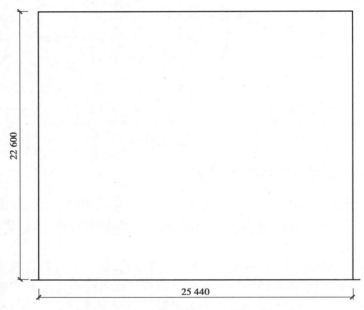

图8.5　立面图轮廓与地坪线

8.5　绘制门窗及外墙装饰

该建筑为多层建筑,每层窗户相同且左右对称,因此只需绘制首层左侧窗户,然后应用阵列复制和镜像命令完成其余窗户的绘制即可。窗户的详图,如图8.6所示。

注意:窗洞线型和窗户图例线型不同,应在不同的图层下绘制。

▶　8.5.1　绘制门窗

绘制首层窗户。以图中最左侧的窗户为例,详细叙述绘制步骤,其余窗户以类似方法绘制。

①绘制窗洞:根据窗详图,在绘图区域任意位置绘制窗洞,切换图层至"门窗洞口"图层后,输入矩形命令"REC",回车,根据命令行提示,单击绘图区域任意点作为矩形的第一个角点,在如图8.7所示中输入"@900,1 500"并回车,效果如图8.8所示。

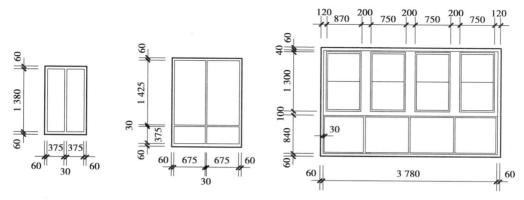

图 8.6 窗户详图

②绘制窗分隔线:切换图层至"门窗分隔线"图层,输入矩形命令"REC",回车,根据命令行提示,单击绘图区域任意一点后,输入"@375,1 380"并回车,绘制窗格线。

③完成窗的绘制:输入移动命令"M",回车,根据命令行提示,选择②中完成的窗格线后回车,指定窗格线左下角为基点,将窗格线移至①中完成的窗洞左下角,效果如图 8.9 所示;按"空格键"重复移动命令,选择窗格线,回车,指定图形左下角为基点后,输入"@60,60"并回车,效果如图 8.10 所示;输入复制命令"CO",回车,选择已绘制完成的内部窗格线,回车,指定右下角为基点后,水平方向移动光标形成追踪点线(图 8.11)后输入"405"并回车,结果如图 8.12 所示。

图 8.7 输入相对坐标绘制矩形　　　　图 8.8 窗外轮廓

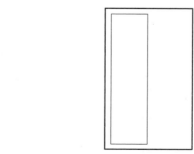

图 8.9 移动窗格线至左下角图　　　图 8.10 完成左半窗格

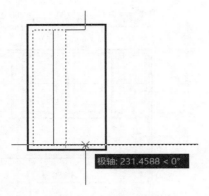

图 8.11　使用对象捕捉追踪

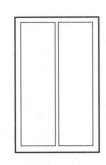

图 8.12　完成图

④移动窗户至立面轮廓线左下角:输入移动命令"M",回车,命令行提示"选择对象:"时,选择绘制完成的窗并回车,命令行提示"指定基点或[位移(D)]<位移>:"时,用光标指定窗户左下角为基点,如图 8.13 所示。命令行提示"指定第二点或<使用第一点作为位移>:"时,将窗移动至左下墙角,如图 8.14 所示。

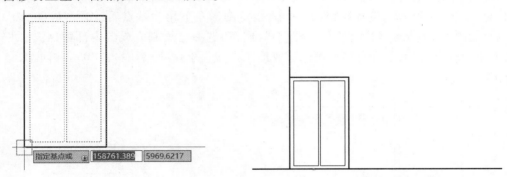

图 8.13　指定左下角为基点

图 8.14　将窗移至左下墙角

⑤移动窗户至立面轮廓线内相应位置:该窗户左下角距离地坪线之上 2 350,距离左边轮廓线 300,按空格键重复执行移动命令,命令行提示"指定基点或[位移(D)]<位移>:"时,用光标指定窗户左下角为基点,如图 8.15 所示,命令行提示"指定第二点或<使用第一点作为位移>:"时,输入相对坐标"@300,2 350",如图 8.16 所示,然后回车,效果如图 8.17 所示。

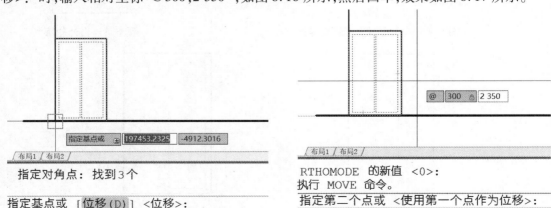

图 8.15　指定基点

图 8.16　指定第二点

⑥绘制首层左侧其余窗户:用类似的方法绘制左侧其余窗户,读者也可根据自己的绘图习惯选择其他方式绘制,保证能高效且达到效果,结果如图8.18所示。

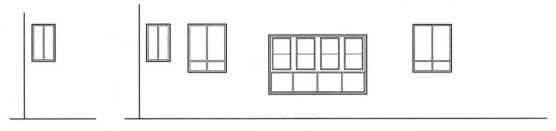

图8.17　移动完成　　　　　　　　图8.18　绘制首层左侧门窗

⑦绘制左侧其余楼层窗户:输入阵列命令"AR",回车,命令行提示"选择对象:"时,选择已绘制完成的所有首层窗后回车,命令行提示"输入阵列类型〔矩形(R)路径(PA)极轴(PO)〕<矩形>:"时,单击选择"矩形(R)",命令行提示"选择夹点以编辑阵列或〔关联(AS)基点(B)计数(COU)间距(S)列数(COL)行数(R)〕:"时,首先单击选择"列数(COL)"后,输入"1"并回车,然后根据提示输入列之间的距离"0"并回车,再单击选择"行数(R)",输入"7"并回车,最后输入行数之间的距离"3 000"并回车,阵列复制后如图8.19所示。

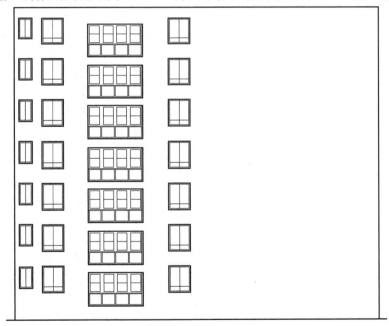

图8.19　阵列复制窗户

⑧镜像复制,完成右侧窗户绘制:输入镜像命令"MI",回车,命令行提示"选择对象:"时,选取左侧所有窗户并回车,根据命令行提示,选择房屋顶部轮廓线中点和与其呈竖直状态的另一点作为镜像线的第一点和第二点,在命令行中提示"要删除源对象吗?〔是(Y)否(N)〕<否>:",默认为<N>,回车确认,镜像复制后的效果如图8.20所示。

▶ **8.5.2　绘制外墙装饰线条**

输入直线命令"L",回车,根据图8.1中线条尺寸及位置,绘制外墙面上的装饰线条,结果

如图 8.21 所示。

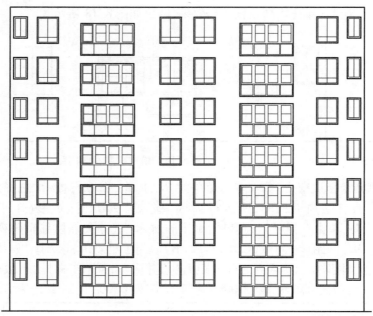

图 8.20　镜像复制窗户

图 8.21　完成线条绘制

146

8.6　标注立面图

完成立面图的绘制后,还应对图形进行尺寸标注、文字说明和标高标注。其中,尺寸标注样式及文字样式已在本章8.3节中设置完成,本节不需要再重复设置,直接使用即可。

▶ 8.6.1　尺寸标注、轴号以及图名书写

①首先完成尺寸标注,尺寸标注内容与第7章平面图中的相应内容类似,不再赘述。完成尺寸标注后,在有标高引出线的位置绘制引线,局部效果如图8.22所示。

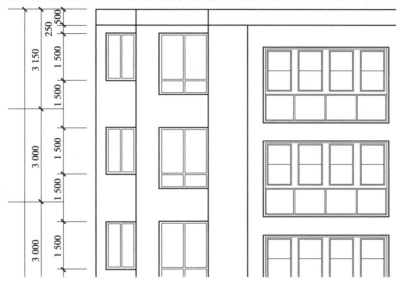

图8.22　尺寸标注及标高引线局部效果

②利用圆命令以及书写文字命令完成轴号和图名的书写,编号圆直径800(国标要求8 mm,本图比例为1∶100,故直径为800),图名7号字。完成后的局部效果如图8.23所示。

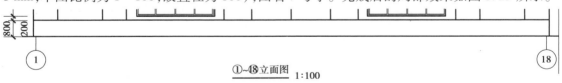

①~⑱立面图　1∶100

图8.23　尺寸标注及标高引线局部效果

▶ 8.6.2　标高标注

根据《房屋建筑制图统一标准》(GB/T 50001—2023)的规定,标高符号为等腰直角三角形,高约3 mm。立面图中标高符号较多,因此,使用创建块以及块属性定义来提高绘图效率。

①绘制一个标高符号:新建"标高"图层,在此图层下输入直线命令"L",回车,命令行提示"指定第一个点:"时,在绘图区域任意单击一点,命令行提示"指定下一点或[放弃(U)]:"时,输入符号"@300,-300"并回车,完成顺时针45°斜线绘制,如图8.24所示;输入镜像复制命令"MI"回车,根据命令行提示,竖直方向镜像此斜线,完成图如图8.25所示;使用直线命令

绘制标高符号顶端线,完成后如图8.26所示。

图8.24　顺时针45°斜线　　　图8.25　镜像后图形　　　　图8.26　标高符号

②块属性定义:输入块属性定义命令"ATT"并回车,弹出"属性定义"对话框,定义"标高"块的属性,如图8.27所示,单击"确定"按钮,命令行提示"指定起点:",用鼠标单击图8.26所示的水平直线左端点,完成后如图8.28所示。

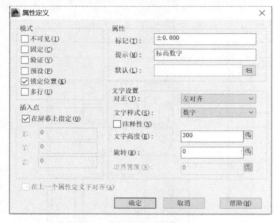

图8.27　"属性定义"对话框　　　　图8.28　利用属性定义书写标高数字

③创建标高块:输入创建块命令"B",回车,根据命令提示将图8.28创建为"标高"块,指定等腰直角三角形底部角点为基点,首个标高数字"±0.000"。

④插入标高符:根据图8.1,在有标高符号的位置插入标高块,以顶部标高符号为例,输入命令"I"回车,弹出"插入"对话框,在"名称(N):"栏下拉列表中选择"标高",如图8.29所示,单击"确定"按钮,命令行提示"指定插入点或[基点(B)/比例(S)/X/Y/Z/旋转(R)]:"时,单击图8.22所示的顶端标高引出线左端,如图8.30所示;命令行提示"标高数字:"时,输入"21.600"并回车,完成标高符号插入;其余标高符号同理进行操作,也可直接复制已经插入的标高符号,然后双击各标高符号修改标高数字。

图8.29　"插入"对话框　　　　图8.30　指定插入点

至此,基本完成立面图的绘制。

【练习与提高】

绘制如图 8.31 所示的立面图。

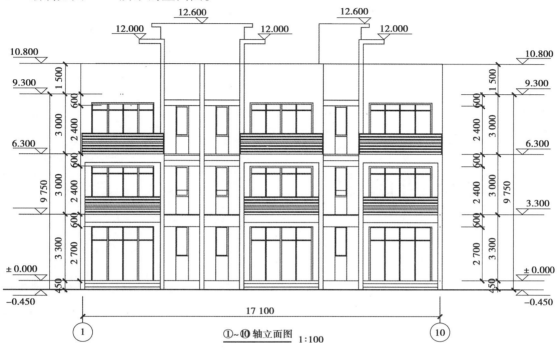

图 8.31 立面图

绘制建筑剖面图

【内容提要】

本章主要介绍建筑剖面图的基本知识,并结合实例讲解利用 AutoCAD 2014 绘制建筑剖面图的主要方法和步骤。

【能力要求】

- 了解建筑剖面图与建筑平面图、建筑立面图的区别;
- 能够运用 AutoCAD 绘图及修改命令,并独立完成建筑剖面图的绘制。

9.1　建筑剖面图的基本知识

建筑剖面图是用来表示建筑物内部的垂直方向的结构形式、分层情况、内部构造及各部分高度的图,它是进行分层、砌筑内墙、铺设楼板和楼梯的依据。剖面图与平面图、立面图相互配合,表达建筑物的全局,是建筑施工图中最基本的图样。

▶ 9.1.1　剖面图的形成及图名

假想一个铅垂剖切平面,过最能反映房屋内部构造的典型部位以及门窗洞口的位置,沿建筑物的垂直方向切开,移去靠近观察者的一部分,其余部分的正投影图就称为建筑剖面图,简称剖面图。根据剖切方向的不同可分为横剖面图和纵剖面图,若无特殊要求一般选择横向剖切。

剖面图的图名应与平面图上标注的剖切位置编号一致。

▶ **9.1.2　剖面图的比例、轴线、图例**

（1）比例尺

建筑类图纸的比例尺有数字比例尺和图示比例尺两种表示方法。为了更加详细地反映房屋的内部结构,剖面图通常采用1∶50,1∶100,1∶200等大比例尺进行绘制。

（2）剖切符号

剖切符号按照规范,应标注在底层平面图中,剖切部位应选择在最完整反映建筑物全貌、构造特征,以及有代表性的位置,如层高不同、层数不同、内外空间分隔或构造比较复杂之处,并通过门窗洞和楼梯。若图形较为复杂,还可选择转折剖或多个剖切位置等方式表达房屋内部空间关系,如图9.1所示。

剖切符号一般包括剖切的位置线、方向线、转折符号以及编号。

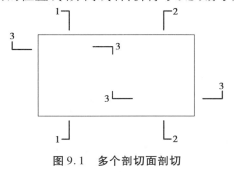

图9.1　多个剖切面剖切

（3）线型

剖面图中主要有以下4种线型线宽:

①粗实线(b):用于绘制剖面图中被剖切的主要建筑构造轮廓线和剖面的剖切符号。

②中实线($0.5b$):用于绘制剖面图中被剖切的次要建筑构造轮廓线和建筑构配件的轮廓线。

③细实线($0.25b$):用于绘制未被剖切的图形线、尺寸线、尺寸界线、图例线、索引符号、标高符号、引出线等。

④细单点长画线($0.25b$):用于绘制中心线、对称线、定位轴线等。

9.2　建筑剖面图实例

建筑剖面图的绘制应结合建筑平面图和建筑立面图。平面图和立面图即确定了剖面图的宽、高尺寸,门窗、台阶、雨篷、地面、屋面以及其他部件的大小、位置等要素。

建筑剖面图中应绘制出以下主要内容:定位轴线和轴线编号;被剖切到的建筑物内部构造,如各层楼板、内墙面、屋顶、楼梯、阳台的构造;建筑物承重构件的位置及相互关系,如各层的梁、板、柱及墙体的连接关系等;没有被剖切到但在剖切面中可以看到建筑物构件,如室内的门窗、楼梯和扶手;屋顶的形式和排水坡度等;竖向尺寸的标注;详细的索引符号和必要的文字说明。本章将通过绘制某建筑2—2剖面图实例,如图9.2所示,向读者具体演示绘制建筑剖面图的主要步骤。

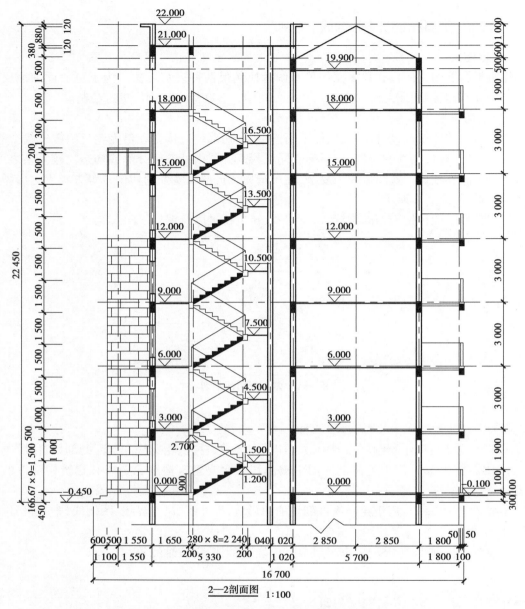

图 9.2　某建筑 2—2 剖面图

9.3　设置绘图环境

在绘制建筑剖面图前,需要对绘图环境进行相应的设置,做好绘图前的准备。

▶ 9.3.1　创建"建筑剖面图.dwg"图形文件及图层

①按照本书 1.3.1 节的方法创建新文件,然后按照 1.3.3 节的方法将新建的文件保存为
"建筑剖面图.dwg"图形文件。

②输入图层命令"LA",回车,弹出"图层特性管理器"对话框,创建如图9.3所示的图层。为了印刷方便,本次各图层颜色设置均为黑色,读者可根据自身喜好修改,但务必保证图形清晰,便于阅读。"轴线"图层的线型设置为"center",其余图层的线型都设置为"Continuous"实线型;线宽设置将墙线设置为粗实线。

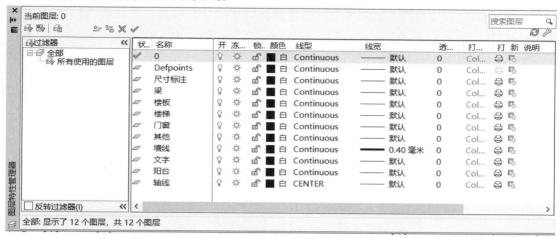

图9.3 "图层特性管理器"对话框

▶ 9.3.2 设置比例、文字和标注样式

①设置线型比例因子:单击菜单栏中的"格式(O)"→"线型(N)…",弹出"线型管理器"对话框,单击右上角 显示细节(D) ,在打开的"详细细节"信息栏中,将"全局比例因子"设置为100,如图9.4所示。

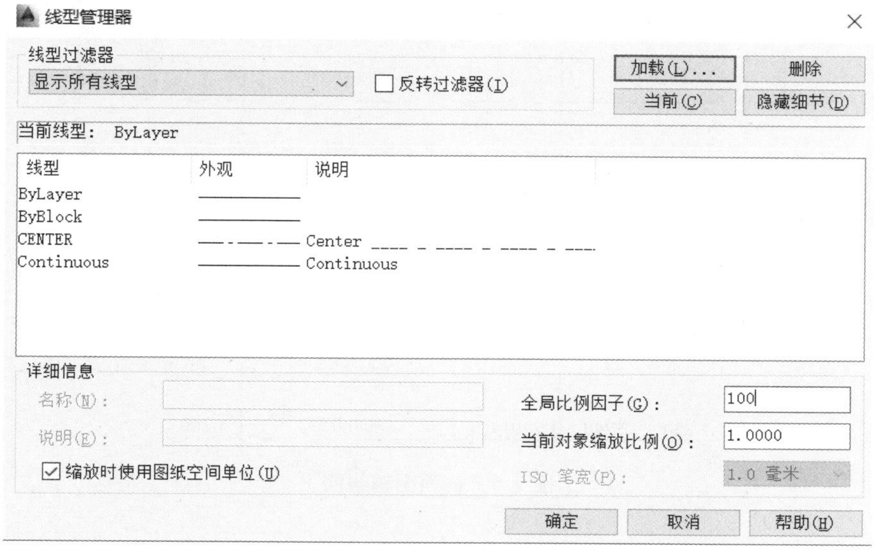

图9.4 设置线型比例因子

②设置文字和标注样式:本章图与第7章平面图实例比例相同,均为1∶100,因此,标注样式和文字样式可按照7.2.2节的相同方法及参数设置,此处不再赘述。

9.4 绘制辅助定位轴线

绘制剖面图,需要根据平面图的剖切位置画出剖切部分的辅助定位轴线,其位置应与平面图一一对应。

将当前图层切换为"轴线"图层,输入直线命令"L"或者构造线命令"XL",回车,绘制最下方的水平轴线和最左侧的竖直轴线,再输入偏移命令"O"并回车,根据命令行提示,按照图中所给尺寸绘制剖面图的其他定位轴线,如图9.5所示。

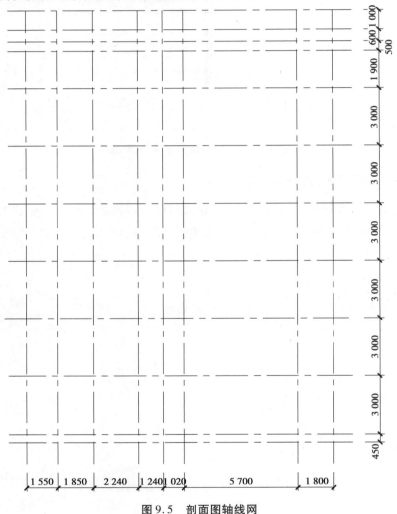

图 9.5　剖面图轴线网

9.5 绘制墙体、楼板和阁楼

建筑剖面图墙体和楼板的厚度应与平面图一一对应,一般使用多线命令绘制。本章的剖面图墙厚均为240 mm。楼板和楼梯休息平台统一为120 mm。绘制前应设置两种多线样式,可分别命名为"240墙"和"LB"。多线样式的设置详见2.4.3节及【例2.17】,此处不再赘述,需要说明的是,其中在楼板的多线样式中将填充颜色修改为"ByLayer",如图9.6所示。

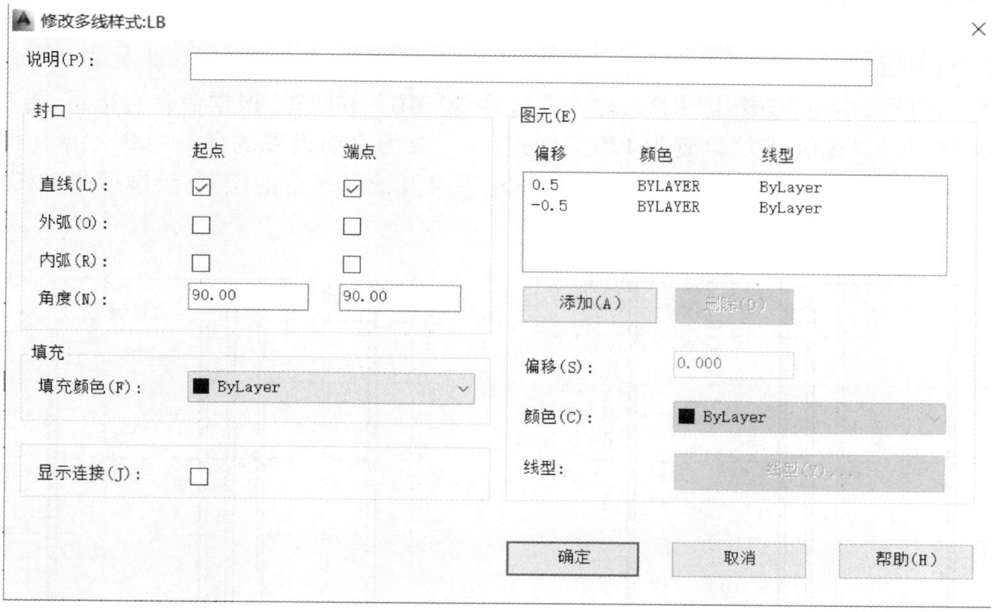

图9.6　楼板多线样式设置

▶ 9.5.1　墙体的绘制

①将当前图层切换为"其他"图层,输入直线命令"L",回车,在轴线的最下边画一条断开界限,如图9.7所示。

②将当前图层切换为"墙线"图层,输入多线命令"ML"并回车,根据命令行提示,将"对正(J)"改为"无","比例(S)"设置为240,"样式(st)"改为之前设置的名称"240墙",沿竖向轴线开始进行墙体绘制,绘制效果如图9.8所示。

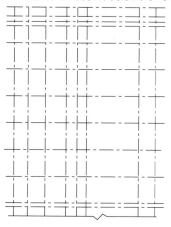

图9.7　绘制底部断开界限图

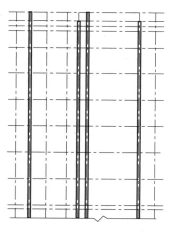

图9.8　绘制墙线

9.5.2 楼板、楼梯休息平台及楼层平台的绘制

(1)绘制首层楼梯休息平台及楼层平台

将当前图层切换为"其他"图层,使用直线命令,根据楼梯的范围绘制两条竖向辅助线(距离轴线均为200 mm),确定梯井的范围,如图9.9所示。

将当前图层切换为"楼板"图层,输入多线命令"ML"并回车,根据命令行提示,将"对正(J)"改为"上","比例(S)"设置为120,"样式(st)"改为之前设置的名称"LB",沿水平辅助轴线开始进行楼层平台、首层到二层之间的休息平台及楼层平台的绘制,绘制效果如图9.10所示。

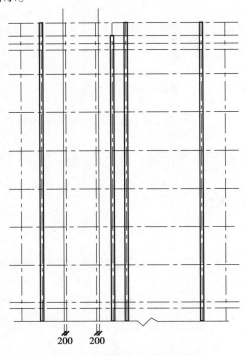

图9.9 辅助线确定梯井范围

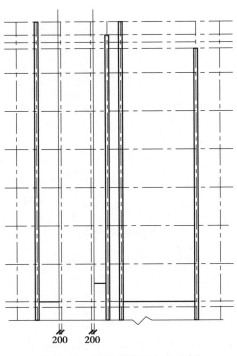

图9.10 首层楼梯平台及楼板

(2)绘制其余楼层的楼梯平台及楼层平台

输入阵列命令"AR"并回车,根据命令行提示,选择已绘制好的楼板并回车,单击选择"矩形(R)"阵列,设置列数为"1",列之间的距离"0";行数为"7",行之间的距离"3 000",阵列完成后,完善顶层楼板的绘制,绘制效果如图9.11所示。

9.5.3 阁楼的绘制

在本章剖面图实例中,由于阁楼剖面与楼板厚度相同,因此将其绘制在"楼板"层。

①添加辅助线:输入偏移命令"O"并回车,根据提示将最右侧墙的轴线向左偏移2 850,添加一条辅助线。添加完辅助线的结果如图9.12所示。

②将当前图层切换为"楼板"图层,输入多线命令"ML"并回车,绘制阁楼屋顶,完成后如图9.13所示。

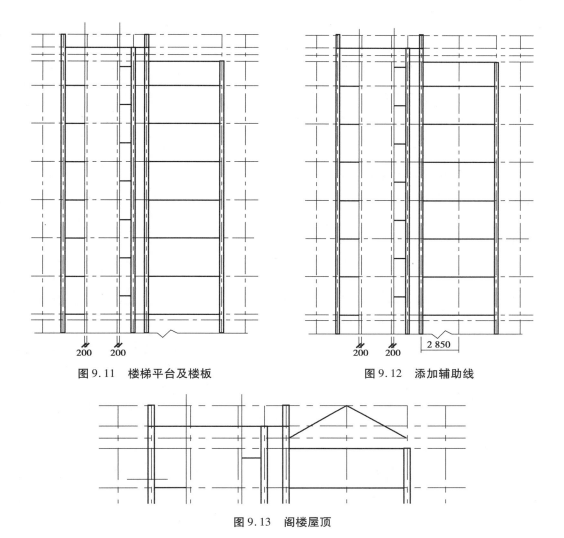

图9.11　楼梯平台及楼板　　　　　　图9.12　添加辅助线

200　　200　　　　　　　　　　200　　200　　2 850

图9.13　阁楼屋顶

9.6　绘制门窗

　　本例中的建筑剖面图,门窗均被剖切到,绘制方法与平面图中窗的绘制方法一致,可使用多线绘制,也可先建立门和窗的图形块,然后以插入块的方式绘制。

▶　9.6.1　绘制门

　　(1)门窗定位

　　使用辅助线根据门窗在第一面墙上的位置,定位门窗的位置,如图9.14所示,然后使用修剪命令"TR",修剪辅助线之间的墙线,然后删除辅助线,效果如图9.15所示。

　　(2)绘制门

　　将当前图层切换为"门窗"图层,在首层第一面墙的位置,使用矩形命令"REC"和直线命令"L",绘制门,门图例如图9.16所示。

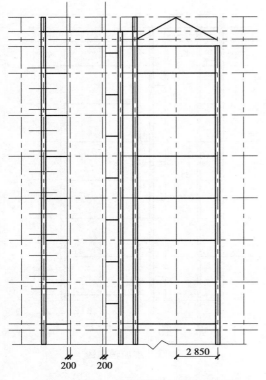

图 9.14　定位门窗在第一面墙上的位置

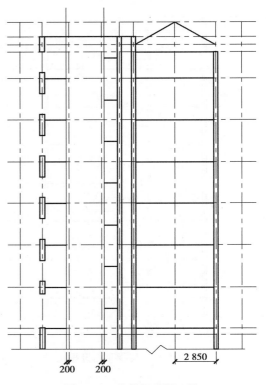

图 9.15　修剪门窗洞口墙

▶ 9.6.2　绘制窗

绘制窗时使用多线绘制,首先建立窗多线样式,然后使用多线命令"ML"并回车绘制,详见第 7.5.2 节中的绘制窗部分,此处不再赘述,窗的图例如图 9.17 所示。

使用复制命令或阵列命令将绘制好的窗复制至其余楼层处。

绘制完门窗后的局部剖面图,如图 9.18 所示。

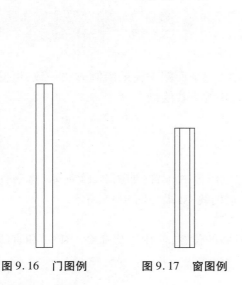

图 9.16　门图例　　　　图 9.17　窗图例

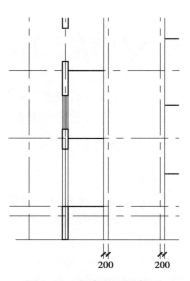

图 9.18　门窗剖面局部图

9.7 绘制阳台、梁、外墙装饰、平屋顶

▶ 9.7.1 绘制阳台

为了提高绘图效率,可创建阳台图形的块,使用块插入命令,完成阳台的绘制。

①将当前图层切换为"阳台"图层,输入矩形命令"REC"并回车,在绘图区域任意位置绘制阳台的楼板结构和栏板,矩形尺寸分别 1 880×200 和 1 830×1 100,尺寸及效果如图9.19 所示(尺寸标注仅用于绘图参考,此处不需绘制)。

②输入直线命令"L"并回车,完成阳台楼板的细部构造和栏杆的绘制,尺寸及效果如图 9.20 所示,不需绘制尺寸标注。

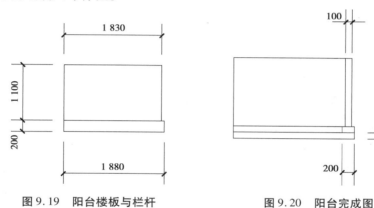

图 9.19 阳台楼板与栏杆   图 9.20 阳台完成图

③创建并插入"阳台"块:输入创建块命令"B"并回车,弹出"块定义"对话框,将块名称定义为"阳台",单击对话框中的"选择对象(T)",命令行提示"选择对象:"时,全选阳台图形后回车,命令行提示"指定插入基点:",将阳台左下角第三点指定为基点,如图9.21 所示,块建立成功;输入块插入命令"I"并回车,将"阳台"块插入首层阳台位置,如图 9.22 所示。

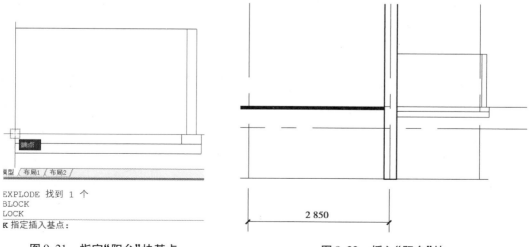

图 9.21 指定"阳台"块基点   图 9.22 插入"阳台"块

▶ 9.7.2 绘制梁

1）首层梁的绘制

①输入矩形命令"REC"并回车，在图形区域任意位置绘制栏杆下梁、楼层梁，矩形尺寸分别为200×300和240×500；输入填充命令"H"并回车，对两种梁分别进行填充，填充图案为"其他预定义"中的"SOLID"，如图9.23所示，填充完成后的尺寸及效果（尺寸标注仅作绘图参考，不需绘制），如图9.24所示。

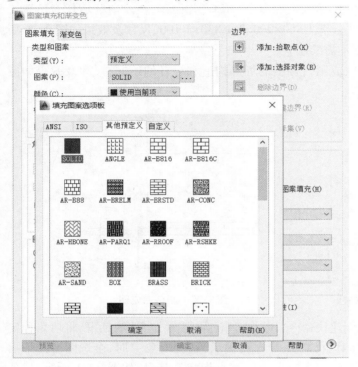

图9.23 梁填充

图9.24 梁尺寸及填充效果

②输入移动命令"M"或者复制命令"CO"并回车，将绘制完成的梁置入剖面图首层的相应位置，如图9.25所示。

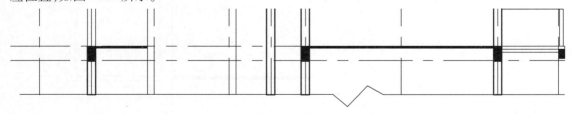

图9.25 首层梁

2）各楼层处的阳台及梁的绘制

输入阵列命令"AR"并回车，选择已经绘制完成的首层梁及首层阳台，通过矩形阵列绘制其余楼层的梁与阳台，列数设置为"1"，列之间的距离为默认，行数设置为"7"，行之间的距离为"3 000"，绘制完成后如图9.26所示。

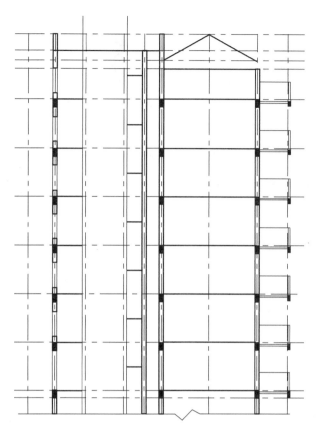

图9.26 阵列完成各层阳台及梁的绘制

9.8 绘制门廊及外墙装饰

①将当前图层切换为"其他"图层,使用多段线命令"PL"并回车,绘制室外地坪线,宽度(W)设置为50,如图9.27所示。

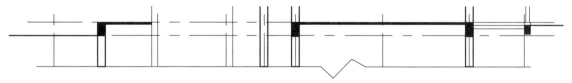

图9.27 剖面图两侧室外地坪线

②使用直线命令"L"或多段线命令"PL"并回车,绘制门廊外台阶、尺寸及完成图如图9.28所示。

③使用直线命令"L"或者多段线命令"PL"或者矩形命令"REC"并回车,绘制外墙轮廓线,如图9.29所示;再使用填充命令"H"并回车,填充装饰图案,如图9.30所示;外墙顶部装饰尺寸,如图9.31所示。

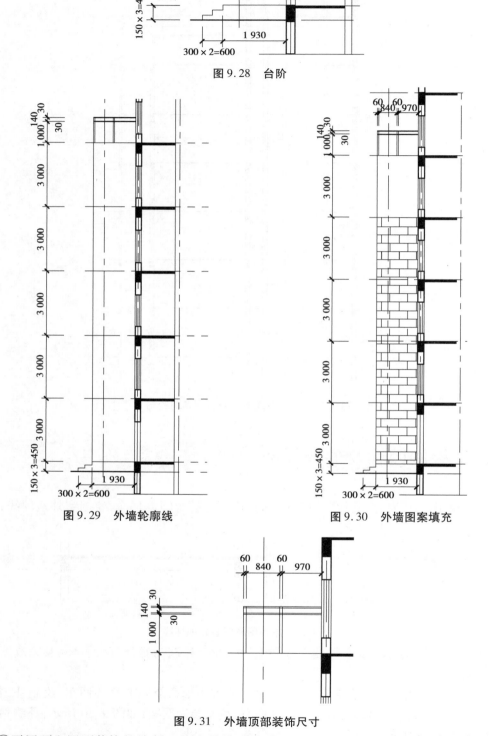

图 9.28 台阶

图 9.29 外墙轮廓线

图 9.30 外墙图案填充

图 9.31 外墙顶部装饰尺寸

④平屋顶和屋顶装饰的绘制。将当前图层切换至"墙线"图层,使用多段线命令"PL"或直线命令"L"并回车。绘制平屋顶女儿墙及屋顶装饰,将当前图层切换为"其他"图层,绘制屋顶女儿墙顶投影线完成平屋顶的绘制,如图 9.32 所示。

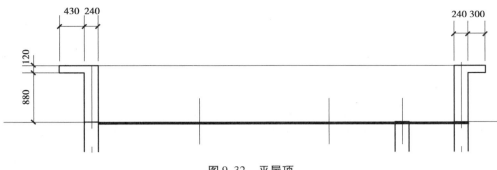

图9.32 平屋顶

9.9 绘制楼梯

▶ 9.9.1 绘制底层楼梯

①绘制楼梯梁:在楼梯的楼层平台及休息平台处有两种尺寸的楼梯梁,分别为200×300和240×300,使用矩形命令和填充命令绘制,绘制方法类同9.7节梁的绘制,尺寸及位置效果如图9.33所示(尺寸标注供绘图参考,不需要绘制在图中)。

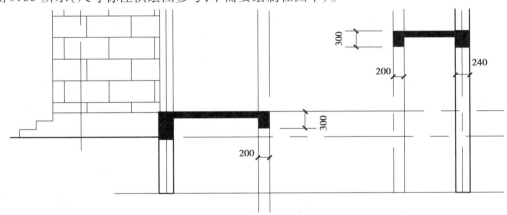

图9.33 首层楼梯梁的绘制

②绘制第一梯段踏步:将当前图层切换为"楼梯"图层,输入直线命令"L"并回车,在梯井辅助线范围内绘制第一和第二级踏步,尺寸及效果如图9.34所示;使用复制命令"CO"并回车,复制已绘制完成的两级踏步,直到中间平台位置,完成后如图9.35所示。

③绘制第一梯段的梯板厚度:输入直线命令"L"并回车,连接A点与B点,如图9.36所示;输入偏移命令"O"并回车,根据命令提示,将AB直线向下偏移100,然后删除AB直线,并对偏移完成的直线进行延伸或修剪使其与梁刚好相接,效果如图9.37所示。

④绘制第二梯段:输入复制命令"CO"并回车,将已经绘制完成的第一梯段复制到绘图区域任意空白位置,如图9.38所示;输入镜像命令"MI"并回车,将第一个梯段进行左右对称的镜像,完成后如图9.39所示;将镜像完成的梯段复制到第二梯段的相应位置,并对梯板底边线进行延长和修改,完成后如图9.40所示。

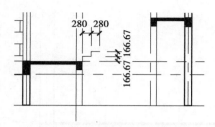

图 9.34 绘制完踏步后的底层楼梯

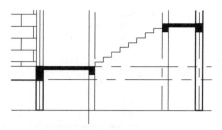

图 9.35 完成首层楼梯第一梯段

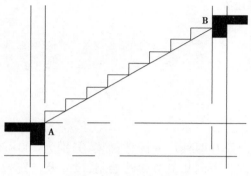

图 9.36 连接 AB 直线

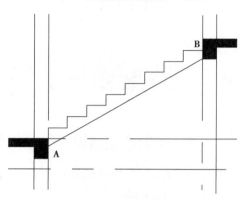

图 9.37 完成第一梯段

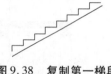

图 9.38 复制第一梯段

图 9.39 镜像第一梯段后

⑤输入填充命令"H"并回车,用填充图案"SOLID"填充第一梯段,填充完成后如图 9.41 所示。

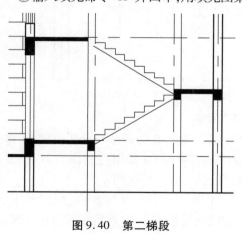

图 9.40 第二梯段

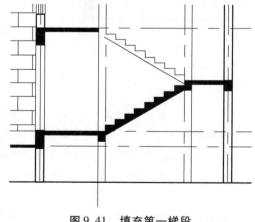

图 9.41 填充第一梯段

▶ 9.9.2 绘制首层楼梯栏杆

使用直线命令过楼梯梁的中点绘制栏杆的第一竖直线,高为 900 mm,完成后如图 9.42 所示;连接竖直线端部,完成后如图 9.43 所示。

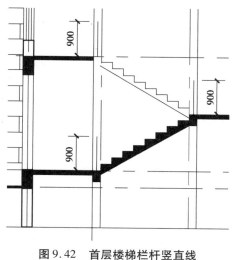

图9.42 首层楼梯栏杆竖直线

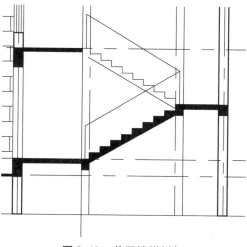

图9.43 首层楼梯栏杆

► 9.9.3 绘制其余楼层的楼梯梯段、楼梯梁及栏杆

输入阵列命令"AR"并回车,命令行提示"选择对象:"时,选择已绘制完成的梯段及楼梯梁,选择完成后呈现虚线,如图9.44所示,然后回车,命令行提示"输入阵列类型[矩形(R)路径(PA)极轴(PO)]<矩形>:"时,单机选择矩形,命令行提示"选择夹点以编辑阵列或[关联(AS)基点(B)计数(COU)间距(S)列数(COL)行数(R)层数(L)退出(X)]<退出>:"时,根据提示设置列数为"1",列之间的间距为默认;行数为"6",行之间的距离为"3000",最后两次回车确认,绘制完成后的效果如图9.45所示。

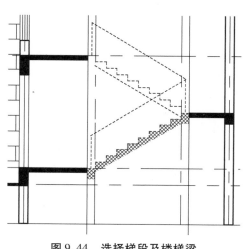

图9.44 选择梯段及楼梯梁

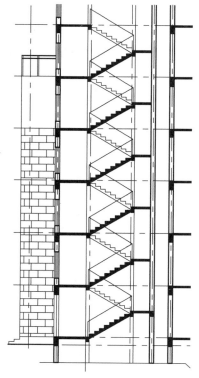

图9.45 阵列完成楼梯绘制

9.10 文字注写和尺寸标注

文字注写样式及尺寸标注样式已在 9.3 节中进行过设置,本节不需要再重复设置,直接使用即可。

▶ 9.10.1 尺寸标注

将当前图层切换为"尺寸标注"图层,进行剖面图尺寸的标注和标高的标注。剖面图细部尺寸的标注方法与平面图和立面完全相同,可使用线性标注和连续标注。标高的标注方法与立面图相同,先绘制出标高符号,再以三角形的顶点作为插入基点,创建为带属性的名为"标高"的图块,然后依次在相应的位置插入图块即可,详细绘制方法见 8.6.2 节,此处不再赘述。

▶ 9.10.2 文字

将当前图层切换为"文字"图层,对剖面图进行必要的文字标注。文字的注写同平面图,详见 7.7.2 节。

完成尺寸标注和文字标注后的剖面图参见 9.2 节中图 9.2 实例,图中图名为 5 号字,轴号为 5 号字,编号圆直径为 800 mm(国标要求图上尺寸为 8~10 mm,本图比例为 1∶100,故绘制直径为 800 mm)。剖面图绘制完成后,保存文件。

在建筑剖面图中,除了图名外,还需对一些特殊的结构进行说明,比如,详图索引、坡度等文字注释。文字注释的基本步骤与平面图和剖面图的文字标注基本相同。

9.11 打印输出

根据工程图比例及工程体量选择合适的图幅,本例中图形总宽 16 700 mm,总高 22 450 mm,图形比例 1∶100,则图纸尺寸需要大于 167 mm×224.5 mm,再考虑图框、标题栏及说明所需位置,考虑使用 A3 图幅,其尺寸为 420 mm×297 mm。

▶ 9.11.1 绘制图幅、图框及标题栏

①按照比例的倒数倍放大绘制 A3 图幅:使用矩形命令绘制 42 000 mm×29 700 mm 的矩形作为 A3 图幅。

②绘制图框,根据国标要求图上尺寸 $a=25$ mm,$c=10$ mm,而比例为 1∶100,所以使用偏移命令,将绘制完成的矩形向内偏移 1 000;再使用拉伸命令拉伸内矩形的左边界,向右拉伸 1 500,将图框的线宽改为粗实线。绘制尺寸及效果如图 9.46 所示,尺寸标注仅供尺寸参考,不需绘制。

③移动图框或图形,使图形位于图框内合适的位置。

④在图框右下角绘制图标,如图 9.47 所示。

⑤完成整体图形绘制,如图 9.48 所示。

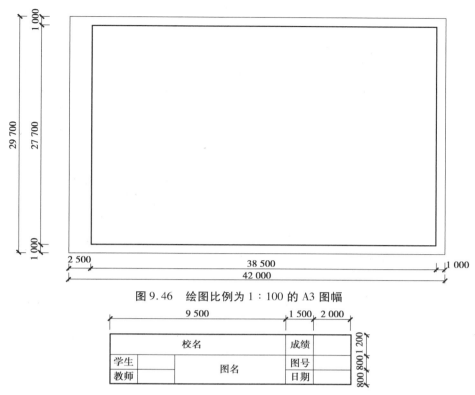

图 9.46　绘图比例为 1∶100 的 A3 图幅

图 9.47　图标

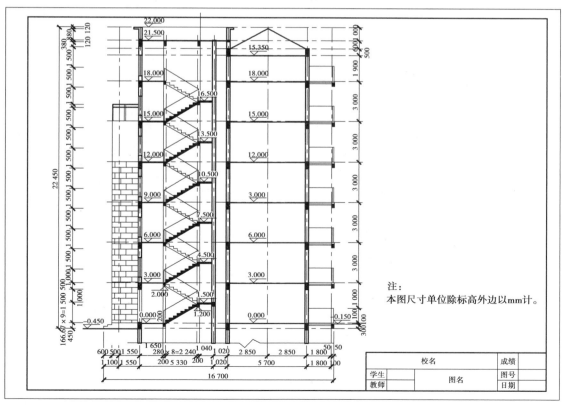

图 9.48　图标图框完成图

▶ 9.11.2 打印

打印命令的执行常用以下 4 种方法:

①单击"标准"工具栏中的打印图标 🖶(绘图界面的菜单栏上下均有)。

②单击菜单栏中的"文件"→"打印(P)…"。

③快捷键:Ctrl+P。

④输入打印命令"PLOT"并回车。

此处以 PDF 虚拟打印机将图形文件打印成 PDF 文件为例进行说明:

①打开绘制完成的"建筑剖面图.dwg"图形文件,执行上述 4 种打印方法中的任意一种,弹出"打印-模型"对话框。在"打印-模型"对话框中的"打印机/绘图仪"选项区域中的"名称(M):"下拉列表框中选择系统所使用的打印机,本例为"DWG To PDF"。若计算机有连接其他打印机且可打印 A3 图纸,也可选择其他打印机打印出图纸。

②在"图纸尺寸(Z)"下拉列表框内选择"ISO full bleed A3(420.00×297.00 毫米)"。

③在"打印区域"下的"打印范围(W):"中选择窗口,自动回到图形区,命令行提示"指定第一个角点:"时,用鼠标单击矩形图幅的一个角点,命令行提示"指定对角点:"时,用鼠标单击对角点,自动回到"打印-模型"对话框。

④在"打印偏移(原点设置在可打印区域)"下勾选"居中打印(C)"。

⑤在"打印比例"中,将"比例(S)"选择图形比例,本图比例为 1∶100。

上述设置如图 9.49 所示。

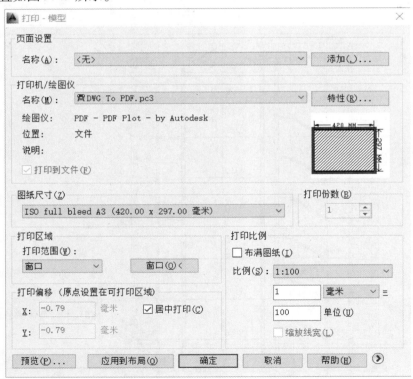

图 9.49 打印设置(1)

⑥单击"打印-模型"对话框右下角的图标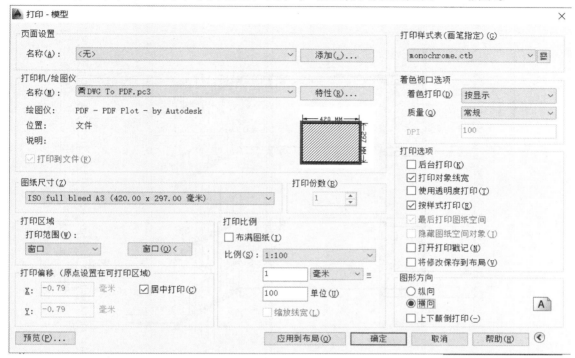,展开"打印-模型"对话框,在"打印样式表(画笔指定)(G)"下拉列表中选择"monochrome.ctb",此为黑白打印,弹出"是否将此打印样式表指定给所有布局?"对话框,单击选择"是(Y)"按钮,所有设置如图9.50所示。

图9.50　打印设置(2)

⑦单击"预览"按钮进行预览。如对预览结果满意,回车,单击"确定"按钮进行打印输出。

【练习与提高】

根据本节剖面图的绘制步骤,使用绘图和编辑工具绘制如图9.51所示的某建筑A—A剖面图。

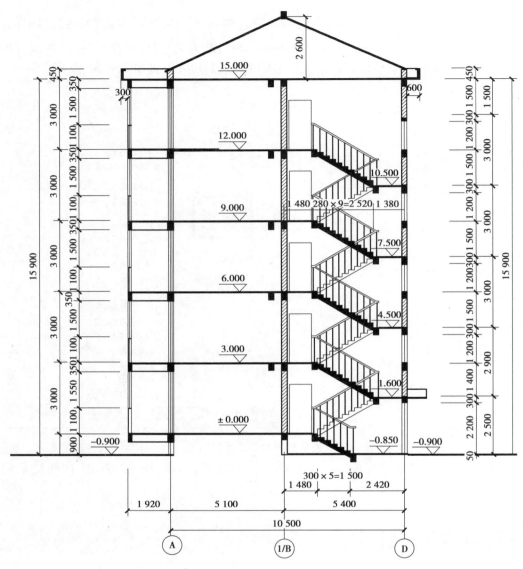

图 9.51　A—A 剖面图

参考文献

[1] 叶修梓，彭维，唐荣锡. 国际 CAD 产业的发展历史回顾与几点经验教训[J]. 计算机辅助设计与图形学学报，2003，15(10)：1185-1193.

[2] 邓学雄，梁柯. 现代 CAD 技术的发展特征[J]. 图学学报，2001，22(3)：8-13.

[3] 中华人民共和国住房和城乡建设部. 房屋建筑制图统一标准：GB/T 50001—2023[S]. 北京：中国建筑工业出版社，2023.